人工智能和 STEAM 教育丛书

全国教育科学“十三五”规划 2020 年度教育部重点课题（编号：DHA200334）研究成果

3D 打印技术应用与实战

丁美荣　王同聚　朱杨林◎编著

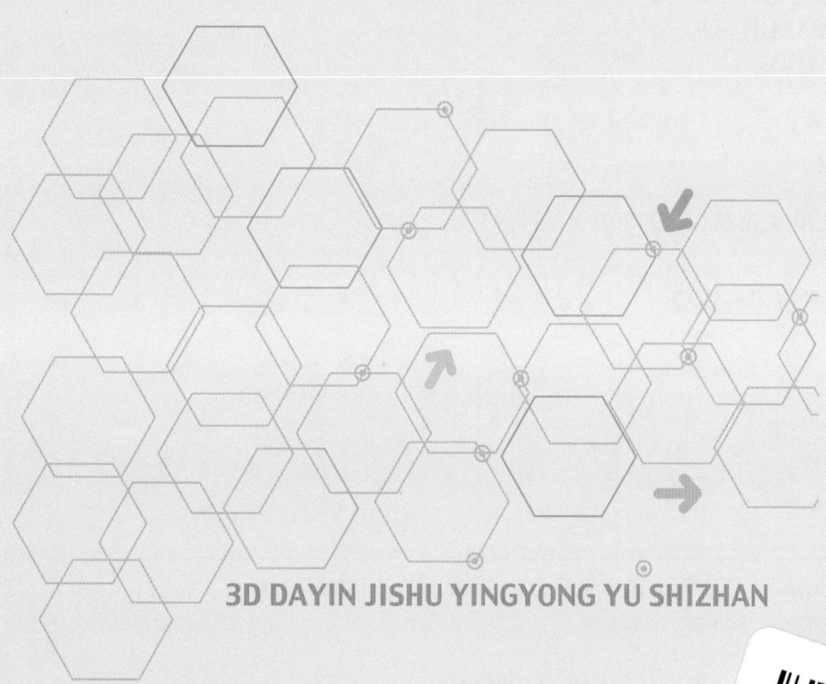

3D DAYIN JISHU YINGYONG YU SHIZHAN

中国铁道出版社有限公司
CHINA RAILWAY PUBLISHING HOUSE CO., LTD.

内 容 简 介

本书旨在培养学习者掌握3D打印技术基础应用与创新实践能力，编写过程中引入STEAM教育和创客教育理念，突出其项目学习、体验式学习和个性化学习等创客学习的优势。全书图文并茂，内容从基础到综合实践，层次分明。本书内容中配备了丰富的场景图片、案例图片，以及打印实践与案例实践视频，以帮助学习者轻松快捷地领悟和掌握3D打印基础知识与操作技能。主要内容包括12个项目，以3D打印应用与实战开展项目式学习，以3D打印技术概述、FDM 3D打印机应用、LCD 3D打印机应用、3D扫描技术及应用、3D打印笔应用共五章内容进行呈现。

本书本着“以学生为本”的育人理念，以“思维培养”为导向，在各章节内容编写时，做了特别的教学内容设计：各章节以情景导入、项目主题、项目目标、项目探究、问题、项目实施、实践、成果交流、思考与活动评价等环节贯穿整个章节，能使学习者潜移默化地随各环节完成自主学习。本书每个项目均配有部分相关的软件操作讲解微视频，读者可以扫描书中二维码观看和下载学习。

本书可作为面向青少年开设创客教育、STEAM教育、劳动教育、编程教育和人工智能教育的培训教程，也可以作为中高职学校的机械工程、材料工程、工业工程、工业设计等相关专业的教材，还可以作为3D模型设计、工程技术开发等领域相关人员的自学教材。

图书在版编目（CIP）数据

3D打印技术应用与实战／丁美荣，王同聚，朱杨林编著．—北京：中国铁道出版社有限公司，2021.2
（人工智能和STEAM教育丛书）
ISBN 978-7-113-27435-1

Ⅰ．①3… Ⅱ．①丁… ②王… ③朱… Ⅲ．①立体印刷－印刷术 Ⅳ．①TS853

中国版本图书馆CIP数据核字（2020）第234997号

书　　名：3D打印技术应用与实战
作　　者：丁美荣　王同聚　朱杨林

策　　划：唐　旭　　　　编辑部电话：（010）63549501
责任编辑：贾　星　包　宁
封面设计：刘　莎
责任校对：孙　玫
责任印制：樊启鹏

出版发行：中国铁道出版社有限公司（100054，北京市西城区右安门西街8号）
网　　址：http://www.tdpress.com/51eds/
印　　刷：北京柏力行彩印有限公司
版　　次：2021年2月第1版　2021年2月第1次印刷
开　　本：787 mm×1 092 mm　1/16　印张：10.5　字数：175千
书　　号：ISBN 978-7-113-27435-1
定　　价：56.00元

序

做中学、做中创，培养创新能力

——为学习和应用 3D 打印技术的老师和同学而作

2015 年 11 月，国务院印发的《关于积极发挥新消费引领作用加快培育形成新供给新动力的指导意见》中提出“推动三维（3D）打印、机器人、基因工程等产业加快发展，开拓消费新领域。支持可穿戴设备、智能家居、数字媒体等市场前景广阔的新兴消费品发展”。目前，3D 打印技术已在工业造型、机械制造、航空航天、军事、建筑、影视、家电、轻工、医学、考古、文化艺术、雕刻、首饰等领域都得到了广泛应用。

2016 年 6 月教育部印发的《教育信息化“十三五”规划》中指出“有条件的地区要积极探索信息技术在‘众创空间’、跨学科学习 (STEAM 教育)、创客教育等新的教育模式中的应用，着力提升学生的信息素养、创新意识和创新能力”。3D 打印技术在我国开展跨学科学习（STEAM 教育）、创客教育等新的教育模式实践中发挥了重要作用，为学生的学习方式带来新的变革，通过 3D 打印实体的动手体验，可让学生的想象变成现实，达到“所思即所得”的教学效果。学生通过“玩中做、做中学、学中做、做中创”，应用 3D 创意设计和 3D 打印技术通过跨学科融合、动手实践和深度体验，激发学生跨学科学习和创意“智”造的热情，从而培养学生

的空间想象能力、创新思维能力、工程设计能力、计算思维能力、编程设计能力和创意“智”造能力。

2016 年 9 月，《中国学生发展核心素养》发布，其中明确了中国学生发展核心素养是指学生应具备的、能够适应终身发展和社会发展需要的必备品格和关键能力，以培养“全面发展的人”为核心，综合表现为人文底蕴、科学精神、学会学习、健康生活、责任担当、实践创新六大素养。因此，结合我国“立德树人”的教育根本任务和学生“人文底蕴”“科学精神”“责任担当”核心素养的发展要求，本教程以 3D 打印技术为载体，培养学生的创新思维能力、创意设计能力和科学探究能力。从核心素养培养的角度看，教学目标以学生实践创新素养的发展为中心,同时协调发展学生的科学精神、责任担当、人文底蕴、学会学习等核心素养。教程既能体现 STEAM 跨学科的综合特征，注重课程内容与数字化学习工具的深度融合，又能体现学生的创客精神，通过 3D 创意设计建模，用 3D 打印机制造出独一无二的创客发明作品，使用 3D 打印技术进行创新设计和探究性学习，培养学生的自主 3D 建模能力和发展学生核心素养。

2017 年 7 月, 国务院印发的《新一代人工智能发展规划》中明确指出“实施全民智能教育项目，在中小学阶段设置人工智能相关课程，逐步推广编程教育，鼓励社会力量参与寓教于乐的编程教学软件、游戏的开发和推广”。可见人工智能进学校、编程教育进课堂已上升为国家战略。目前通过编程设计 3D 打印模型已融入 3D 设计课程中，通过积木式图形化编程和 Python 编程完成 3D 建模设计，将 3D 模型设计与编程教育紧密相连，把 3D 创意编程与智能硬件进行组合，最后创意“智”造出基于 3D 打印技术的人工智能作品，从而实现 3D 打印技术与人工智能技术的有机融合，为优化技术与多学科知识的融合提供可借鉴的策略和方法。

由丁美荣、王同聚、朱杨林共同编著的人工智能和 STEM 教育丛书包含《3D 打印技术应用与实战》《3D 创意作品设计与实例》两册，以项目学习为主线开展学习活动，让学生了解 3D 打印技术、3D 创意设计和 3D 创意编程的基本概念，同时教材还提供配套的微课视频讲解和 3D 建模源程序，非常适合初学者使用。本教材所选案例贴近学生生活，符合学生需求，具有实用性、科学性、时代性、创新性等特点。作者采用开展创客教育和 STEAM 教育常用的 3D 打印机和 3D 设计软件作为配套教具，3D 设计软件采用平面草图绘制、积木式图形化编程和 Python 代码编程等完成 3D 建模设计，该软件的学习和使用具有门坎低、容易学、见效快等特点，软件与硬件相结合开展编程教育可培养学生计算思维、设计思维、工程思维和创新思维能力，让学生手脑并用，激发学生的空间想象能力、创新思维能力和创造设计能力。在教学中引入 STEAM 教育和创客教育理念，教学案例以项目学习形式呈现，突出了项目学习、体验式学习和个性化学习等特点，能够帮助学生开展项目学习，完成项目目标。

综观两本书，应该是适合学校开展创客教育、STEAM 教育和人工智能教育的实用教程，突出了动手实操、3D 设计建模和编程教育，为一线教师提供了可操作和循序渐进的解决方案，为学生提供创意“智”造的学习范例。相信会得到更多读者的欢迎。

华南师范大学教育信息技术学院　教授　博士生导师

华南师范大学教育技术研究所　所长

李克东

2020 年 12 月 8 日

前言

随着“互联网 +”、人工智能、云计算、大数据、虚拟现实、物联网、5G、区块链等新技术的快速发展，人类社会正从网络时代快速迈向智能时代，知识结构和学习方式发生着巨大的变化。人工智能和 3D 打印技术应用正深入人们的日常生活。3D 打印在教育中的应用已经得到了普遍推广，其教育价值也逐渐凸显，成为培养学生创新意识、创新思维和创新能力的重要载体。3D 打印是一种以 3D 数字模型文件为基础，运用粉末状金属或塑料等可黏合材料，通过逐层打印的方式来创造物体的技术。3D 打印具有“所思即所得”的天然优势，能够将学生的创意变成看得见、摸得着的现实产品，使学生在实践创意的过程中获得体验感和成就感，能有效激发学生的学习兴趣和学习主动性。3D 打印从作品设计、创意、实践到应用创新，整个过程涵盖数学、材料学、物理学、信息技术、艺术设计、软件工程等多个学科的知识，是多学科知识的汇聚和融合，符合当前 STEAM 教育、创客教育和人工智能教育融合理念。

随着教育的深化改革和智能融合，3D 打印技术作为一种新兴的科学技术，在各类学校教育教学活动中正呈现出快速发展的趋势。将 3D 打印与各学科课程建设有机融合，促进人工智能时代创新人才培养。《教育信息化“十三五”规划》要求我们必须以创新为导向，营造创新环境、激发创造精神、鼓励创新思维、培养创新能力、追求创新成果，积极探索创新人才培养的模式创新，更好地服务立德树人，更好地支撑教育改革和发展，更好地推动教育思想和理念的转变，更好地服务师生信息素养的提升，更好地促进学生的全面发展。STEAM 教育是将科学（Science）、技术（Technology）、工程（Engineering）、艺术（Arts）和数学（Mathematics）五

个学科相融合，打破学科壁垒，以知识之间的联系作为教学内容组织的原则和依据，基于真实世界中的问题情境开展教学。STEAM 教育具备跨学科、趣味性、体验性、情境性、协作性、设计性、艺术性、实证性和技术增强性等教育教学特征。创客教育以创新人才培养为重要目标、以项目学习为主要形式，是一种技术支持的基于创造的学习。基于 3D 打印技术的项目式学习，能让学生通过主动探索、动手实践、创新设计、跨界融合、问题导向、活动探究、项目体验等获取新知识，在“玩”和“做”的过程中学习新知识，并在“做”和“学”的过程中得到升华和创新，进而把创意变为现实产品，实现“玩中做”“做中学”“学中做”“做中创”的目标，实现 STEAM 多学科知识融合实践育人目标。通过创客学习，在实践中体验、在探索中创新，将跨学科知识进行内化吸收，让学生在项目学习和活动体验中发现问题、分析问题和解决问题，最终达到培养具有创新意识、创新能力和创新思维的创新型人才。

本书的编写以习近平新时代中国特色社会主义思想为指导，全面深入贯彻党的十九大报告精神，坚持立德树人，根据青少年的认知规律、关键能力培养规律和人才成长规律，根据教育部印发的相关文件中所涉及 3D 打印技术应用知识点设计本书的知识结构和应用案例，引入 STEAM 教育和创客教育理念，突出其项目学习、体验式学习和个性化学习等创客学习的优势，培养学生计算思维、设计思维、工程思维和创新思维能力，激发学生的创造力和想象力，为发展学生的核心素养助力。

本套人工智能和STEAM 教育丛书包含《3D 打印技术应用与实战》和《3D 创意作品设计与实例》两册，引导学生围绕“项目主题→项目目标→项目探究→问题→项目实施→实践→成果交流→思考→活动评价→知识拓展”的项目学习主线开展学习活动，理解 3D 打印应用、3D 创意设计和 3D 创意编程的基本概念，掌握 3D 打印机、3D 打印笔、3D 激光雕刻（打标）、3D 扫描仪、3D One 创意设计和 3D 图形化创意编程等基本方法，开展互动交流、成果展示、作品评价等实践活动，从而将知识建构、技能培养与思维发展融入到解决问题和完成任务的过程中，既能培养学生掌握 3D 打印硬件实操技术，又能帮助学生提高利用计算机软件工具进行创意设计和创意编程的技能，能有效地培养一批具有跨界融合、创新意识、创新精神和创新能力，适应人工

智能时代发展的复合型创新人才。

本书以3D打印应用与实战开展项目式学习，以3D打印技术概述、FDM 3D打印机应用、LCD 3D打印机应用、3D扫描技术及应用、3D打印笔应用共五章内容进行呈现。全书图文并茂、语言简洁精练，内容从基础到综合实践，层次分明。案例操作过程中配有大量实践操作图片，力图让学习者快速掌握3D打印机、3D扫描仪、3D打印笔的实践操作与使用技巧。

3D打印技术可以给学生的“学习方式”带来新的思考，让原本比较抽象的概念变得更加容易理解，可以激发学生对科学、技术、数学、工程和艺术创意的兴趣，让实践与理论、知识与创意、现实与虚拟三方面相互结合，实现“玩中做、做中学、学中做、做中创”的教学目标。3D打印以学生为中心，能让学生在学习过程中体会到更多的学习乐趣，能有效激发学生学习的内在驱动力，便于学生在学习过程中体验完整的3D打印操作过程，获得直接的实践操作经验，培养学生思考、探索和动手的能力。

本书可作为面向青少年开设创客教育、STEAM教育、劳动教育、编程教育和人工智能教育的培训教程，也可以作为中高职学校的机械工程、材料工程、工业工程、工业设计等相关专业的教材，还可以作为3D模型设计、工程技术开发等领域相关人员的自学教材。

本书由丁美荣、王同聚、朱杨林共同编著，谢晶晶、叶黄顺参与图片和视频素材的加工制作。在此特别感谢华南师范大学教育信息技术学院博士生导师、华南师范大学教育技术研究所所长李克东教授为本书作序！感谢中国铁道出版社有限公司编辑所付出的辛勤劳动。感谢广东省3D打印产业创新联盟和文搏智能提供演示样机！

由于编著者水平所限，书中难免存在不妥和疏漏之处，欢迎广大读者批评指正。

编著者

2020年10月

目录

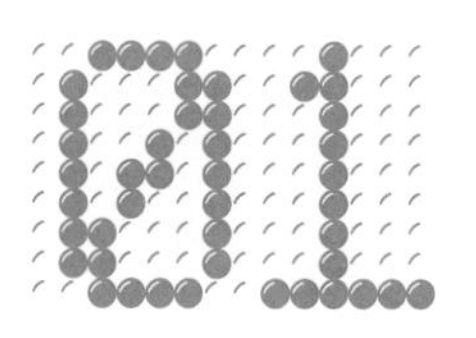

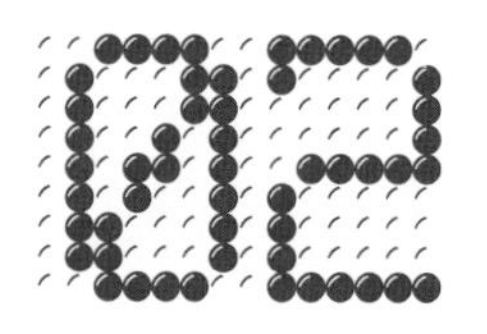

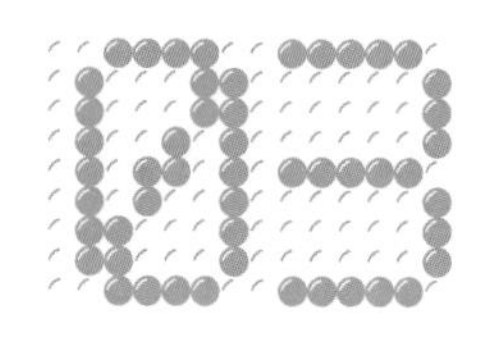

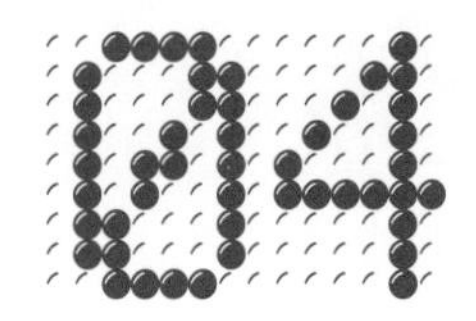

第四章

3D 扫描技术及应用 109

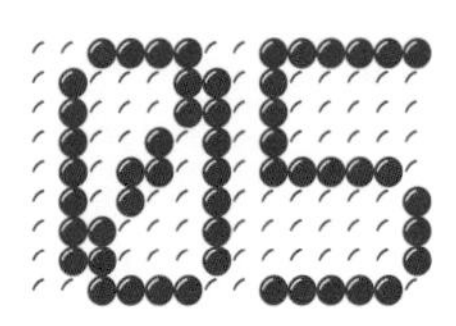

第五章

3D 打印笔应用 139

第一章　3D 打印技术概述

随着计算机技术的普及、材料科学和工艺的发展，传统制造业的局限已不能满足大多数消费者追求产品个性化、多样化的需求，3D 打印技术便应运而生。1986 年，美国科学家 Charles Hull 开发了第一台商业 3D 印刷机，其核心就是 3D 打印技术。3D 打印技术是一种集计算机技术、测量技术、激光技术、数控技术、机械加工、材料学、设计学等多领域学科的现代先进制造加工技术。随着 3D 打印技术和设备的成熟，该技术进入了快速制造和普及化的新阶段。3D 打印专业设备性能开始不断提高，其打印精度和智能化程度也在明显提升，目前已经开始被大范围应用到科技发展和生活中的众多领域。

本章以“3D 打印技术概述”为主题，开展自主学习、协作学习、探究式项目学习，了解 3D 打印技术的产生与发展历程；感悟 3D 打印技术对自然和人类的生产、生活方式产生的影响；理解常见 3D 打印机的工作原理、应用领域和所受到的技术限制，更好地应对和把握 3D 打印机技术所带来的挑战和机遇。从而，将知识建构与思维发展融入完成任务的过程中，促进学科核心素养的养成，完成项目学习目标。

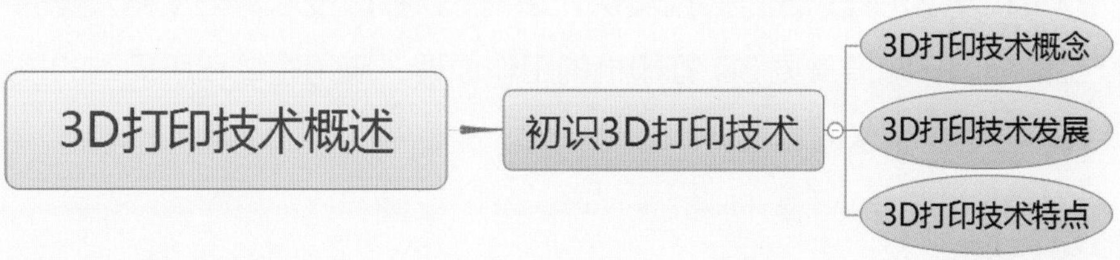

3D打印技术概述
初识3D打印技术
3D打印技术概念
3D打印技术发展
3D打印技术特点

项目　初识 3D 打印技术

情景导入

情景 1：观看“传统螺丝加工工艺”视频（扫描本项目最后的“学习视频”二维码观看），了解在传统工艺中，螺丝的加工工艺，如图 1–1–1 所示。

情景 2：观看“3D 打印螺丝与螺母”视频（扫描本项目最后的“学习视频”二维码观看）。了解 3D 打印技术下的螺丝加工工艺，如图 1–1–2 所示。

图 1–1–1　传统螺丝加工

图 1–1–2　3D 打印螺丝与螺母

从视频可以看出，传统的螺丝加工需要经过多个工序：抽线、打头、搓牙等，而采用 3D 打印技术则需要一道工序即可成型。传统机器加工方法是“减材制造”，3D 打印机则是“增材制造”，从某种意义上说，“增材制造”更加环保。

项目主题

以“认识 3D 打印技术”为主题，通过视频、实物、PPT、网络搜索，了解 3D 打印技术的产生和发展历程；通过应用实例，感悟 3D 打印技术对自然和人类的生产、生活方式产生的影响；知道常见 3D 打印机的工作原理、应用领域和所受到的技术限制，把握 3D 打印技术所带来的机遇。

项目目标

- 了解 3D 打印技术的产生与发展历程。
- 知道常见 3D 打印机的工作原理。
- 感悟 3D 打印技术对自然和人类的生产、生活方式产生的影响。

项目探究

根据项目主题要求，通过调查和案例分析、文献阅读或网上搜索资料，开展“认识 3D 打印技术”项目学习探究活动，如表 1-1-1 所示。

表 1-1-1 “认识 3D 打印技术”项目学习探究活动一览表

探究活动	学习内容	知识技能
认识 3D 打印技术	分析 3D 打印技术的概念及工作原理	了解什么是 3D 打印技术
	学习 3D 打印技术的产生与发展历程	简要说明 3D 打印技术的产生与发展历程
	分析 3D 打印技术的优势与劣势	了解 3D 打印技术所受到的技术限制
	分析常见 3D 打印原理	了解常见的 3D 打印技术原理
	分析 3D 打印技术在各行各业的应用前景	知道 3D 打印技术的行业应用，感悟 3D 打印技术对自然和人类的生产、生活方式产生的影响

问　题

◆ 什么是 3D 打印技术，它是如何产生的?

◆ 3D 打印技术有什么局限性?

◆ 在哪些领域运用到了 3D 打印技术?

项目实施

一、3D 打印技术概念

所谓 3D 打印技术（3D Printing）是增材制造（Additive Manufacturing）技术的通俗叫法。之所以称为 3D 打印，是因为其在传统打印机只能平面打印的基础上，增加了垂直于原有平面方向另一坐标方向的打印能力，又称快速成型（Rapid Prototyping）或者分层制造（Layered Manufacturing）。3D 打印的工作原理是将 3D 的立体几何物体，按照有限的、一定的厚度，拆分成若干平面，利用相应 3D 打印材料逐层进行加工，最终累积形成所需要的立体模型。增材制造的加工方式，区别于传统的机器打磨、切削技术加工方式，其效率更高，更加节约材料与能源。

简单来说，3D 打印机就像普通打印机一样，与计算机连接后，通过计算机控制把打印材料一层层叠加起来。其基本过程就是在一个平面上将塑料、金属等材料打印出一层，然后再将这些可黏合的打印层一层一层地粘起来。通过每一层不同“图形”的累积，最后就形成了一个 3D 实体，如图 1-1-3 所示。就像盖房子一样，砖块一层一层地累积起来后，就成了一个立体的房子。

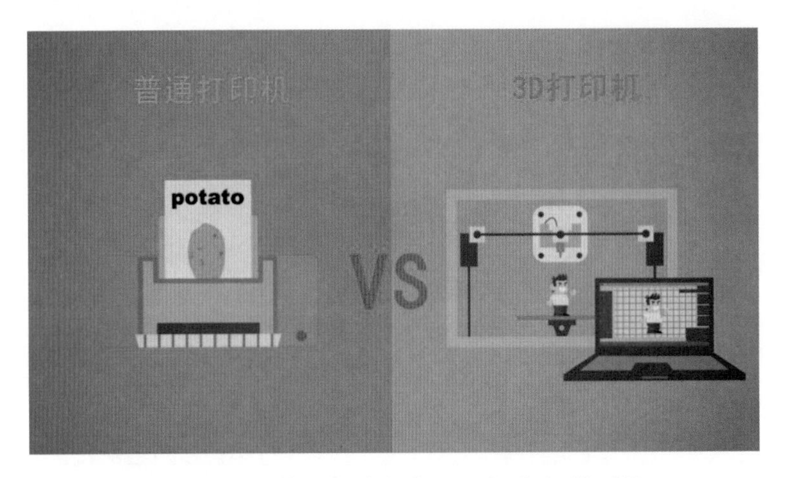

图 1-1-3　普通打印机与 3D 打印机的对比

二、3D 打印技术发展

3D 打印技术起源于 19 世纪末美国研究的雕塑造像和地貌成形技术，如图 1-1-4 所示。到 20 世纪 80 年代后期已初具雏形，其名为“快速成形”，并且在这个时期得到了推广和发展。近年来，国内外 3D 打印技术蓬勃发展，在航空航天、生物医学工程、工业制造等领域有着广泛应用。

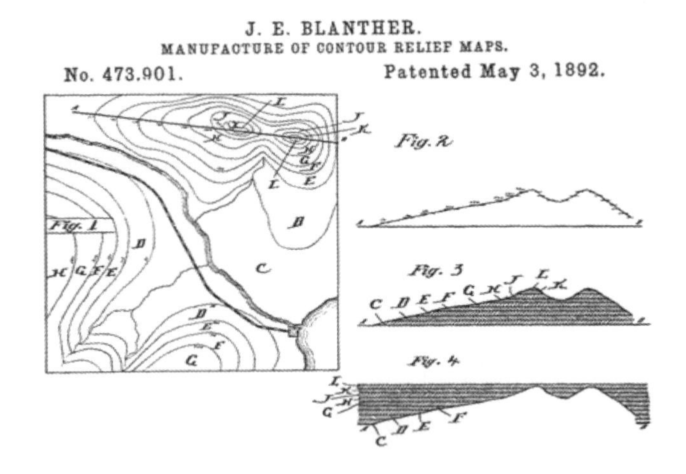

图 1-1-4　雕塑造像和地貌成形技术

1986 年，查克·赫尔发明了立体光刻工艺，利用紫外线照射将树脂凝固成形(SLA)，以此来制造物体，并获得了专利。随后成立一家公司，专注发展 3D 打印技术。

1988 年，查克 · 赫尔开始生产第一台 3D 打印机 SLA–250，体形非常庞大，如图 1–1–5 所示。

图 1–1–5　查克 · 赫尔和他的 SLA–250 3D 打印机

1988 年，斯科特 · 克鲁姆普（Scott Crump）发明了另外一种 3D 打印技术——熔融沉积成形 (FDM)，利用 PLA、ABS、PC、蜡、尼龙等热塑性材料来制作物体，如图 1–1–6 所示。

图 1–1–6　斯科特 · 克鲁姆普和他的 FDM 3D 打印机

1989 年，美国德克萨斯大学博士发明了选区激光烧结技术 (SLS)，利用高强度激光将尼龙、蜡、ABS、金属和陶瓷等材料粉末烧结，直至成形。

1993 年，麻省理工学院研发了 3D 打印黏结成形技术 (3DP)，将金属、陶瓷等粉末通过粘合剂粘在一起成形。

1996 年，型号为 Actua 2100、Genisys、Z402 的三款 3D 打印机产品发布，第一次使用了“3D 打印机”的称谓，如图 1-1-7 所示。

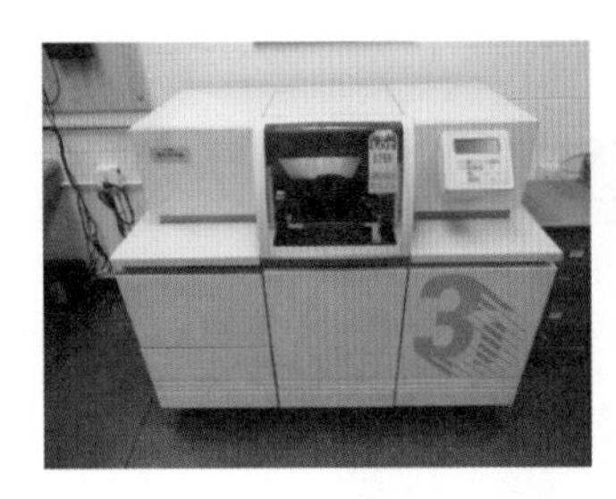

图 1-1-7　型号为 Actua 2100、Genisys、Z402 的 3D 打印机

2005 年，世界上第一台高精度彩色 3D 打印机——Speum 2510 诞生，如图 1-1-8 所示。同一年，英国巴恩大学的阿德里安博士发起了开源 3D 打印机项目 RepRap，目标是通过 3D 打印机本身，能够制造出另一台 3D 打印机。

图 1-1-8　Speum 2510

2010 年 11 月，第一台用巨型 3D 打印机打印出整个身躯的轿车 Urbee 出现，它的所有外部组件都由 3D 打印制作完成，如图 1-1-9 所示。

图 1-1-9　第一台 3D 打印汽车 Urbee

2011 年 8 月，英国南安普敦大学成功设计并放飞了世界上第一架 3D 打印无人驾驶飞机 SULSA，如图 1–1–10 所示。

图 1–1–10　3D 打印无人驾驶飞机 SULSA

2012 年 3 月，维也纳大学的研究人员宣布利用二光子平板印刷技术突破了 3D 打印的最小极限 , 展示了一辆长度不到 0.3 mm 的赛车模型，如图 1–1–11 所示。2013 年 11 月，美国德克萨斯州奥斯汀的 3D 打印公司“固体概念”(Solid Concepts) 设计制造出 3D 打印金属手枪。

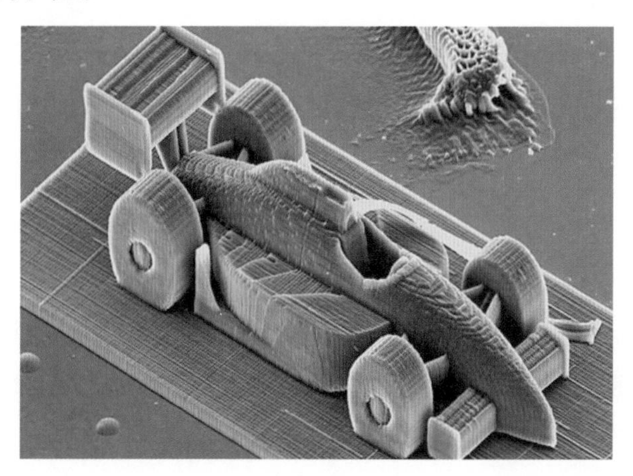

图 1–1–11　一辆长度不到 0.3 mm 的赛车模型

尤其是近几年来，随着 3D 打印技术的不断成熟，这项技术在各个领域已经发挥着非常重要的作用。

三、3D 打印技术特点

1．3D 打印技术的优势

3D 打印机不像传统制造机器那样通过切割或模具塑造制造物品，而是通过层层堆积的方法形成物品。对于内部镂空或互锁部分的形状的设计，3D 打印机是首选的加工设备。

（1）3D 打印节约成本

对于 3D 打印技术来说，制作一个华丽、复杂的物品与制作一个相同体积、简单的盒子所消耗的时间、原材料几乎是相同的，如图 1–1–12 所示。对于传统制造技术，物体形状越复杂，其制造成本就越高。

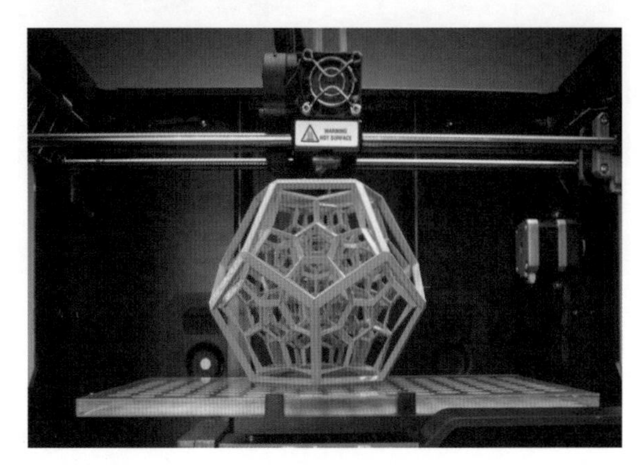

图 1–1–12　复杂结构一体成形

（2）3D 打印快速成形

3D 打印技术能使多个零部件一体成形，这将显著地减少劳动力和运输成本。而在传统工厂中，产品的零件越多，则需要的劳动力和供应商就越多，从而组装和运输所需要的时间和成本也就越多。

（3）3D 打印创意无限

3D 打印机相比传统设备所需要的操作技能要少得多，3D 打印机的出现大大降低了生产技术的门槛。从制造物品复杂性的角度来看，3D 打印技术也比传统制造技术具有优势，甚至可以制作只存在于概念设计的复杂形状，能够为设计者进行设计创新和表达提供更有力的支持 , 在建筑、服饰等概念设计领域中，解除了以往的设计限制 , 更能使各种天马行空的概念设计作品快速、有效、精确地实现，能快速加工“所思即所得”的创客作品，创意无限。如图 1–1–13 所示。

（4）3D 打印节省材料

与传统金属制造技术相比，3D 打印技术在制造过程中产生的副产品更少。传统的金属加工存在大量浪费，一些精细生产甚至可能导致 90%原材料被丢弃。相对而言，3D 打印技术的浪费将大大减少。

图 1-1-13　3D 打印机制作复杂形状产品

（5）3D 打印复制精确

通过使用 3D 扫描技术和 3D 打印技术结合，可以准确地扫描和复制实体。对于普通定制的个性化产品，其时效性和低成本是传统制造无法比拟的，如图 1-1-14 所示。3D 扫描技术和 3D 打印技术将共同改善实体世界与数字世界之间的形态转换的分辨率，从而缩小物理世界与数字世界之间的距离。

图 1-1-14　高精度的个性化定制

2. 3D 打印技术劣势

和所有新技术一样，3D 打印技术也有自己的缺点，它们会成为 3D 打印技术发展路上的绊脚石，从而影响它成长的速度。

（1）材料性能差强度低

由于 3D 打印技术的制造过程是层层叠加的增材制造，这意味着用某些材料打印的部件在外力的作用下非常脆弱，尤其是层与层之间的连接处。目前，3D 打印机打印的产品大多用作产品开发的原型，如图 1–1–15 所示，作为功能部件的要求仍然非常有限。

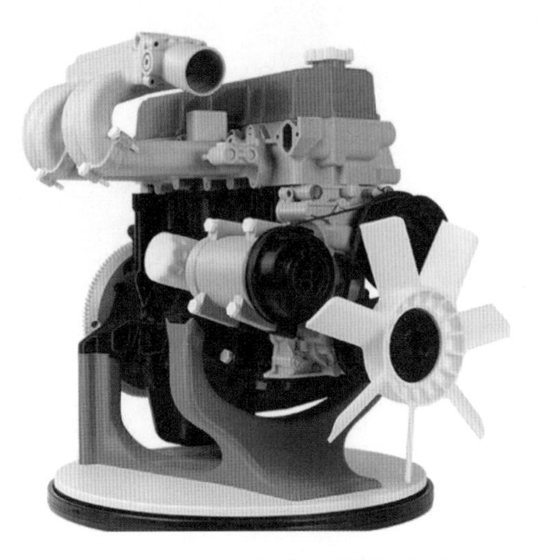

图 1–1–15　产品开发的原型

（2）可打印的材料有限

目前，3D 打印机材料有限，常用的有石膏、无机粉末、光敏树脂、塑料、金属粉末等，如图 1–1–16 所示。如果用 3D 打印机打印房屋或汽车，这些材料无法满足要求。

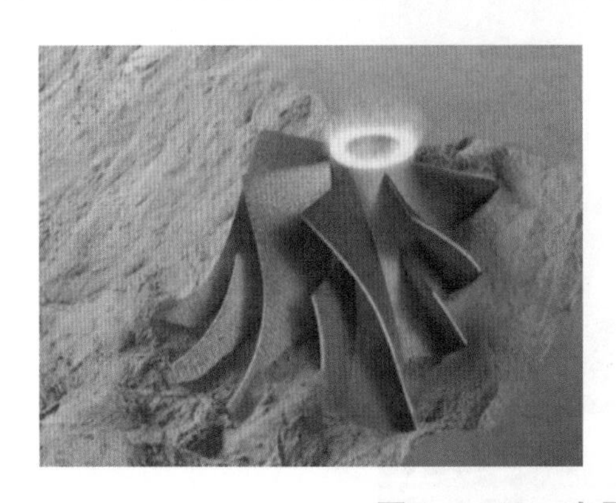

图 1–1–16　金属粉末和光敏树脂

（3）3D 打印精度不高

由于分层制造存在台阶效应，虽然每个层都分解得非常薄，但在一定微观尺度下，仍会形成具有一定厚度的多级“台阶”，如图 1–1–17 所示。如果需要打印的物体表面是圆弧形，那么就不可避免地造成精确度上的偏差。

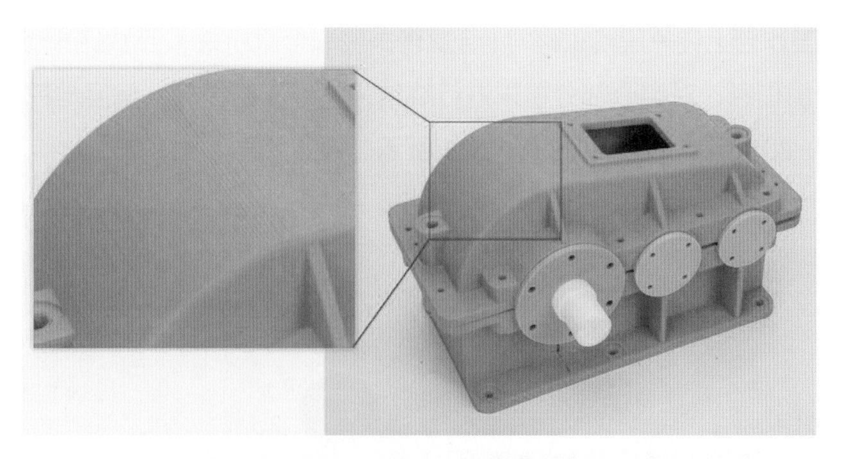

图 1–1–17　3D 打印成品中普遍存在台阶效应

四、3D 打印技术原理

按材料及成形方式不同，3D 打印技术有很多不同类型，如熔融沉积（FDM）、选择性激光烧结（SLS）、3D 印刷黏结成形（3DP）、光固化成形（SLA）等。

1. 熔融沉积

熔融沉积（Fused Deposition Modeling，FDM）又称熔丝沉积，主要采用丝状热熔性材料作为原材料，通过加热融化，将液化后的原材料通过一个微细喷嘴的喷头挤喷出来。原材料被挤喷出后沉积在工作平台或者前一层已固化的材料上，温度低于熔点后开始固化，通过材料逐层堆积形成最终产品。其原理如图 1–1–18 所示，设备如图 1–1–19 所示。

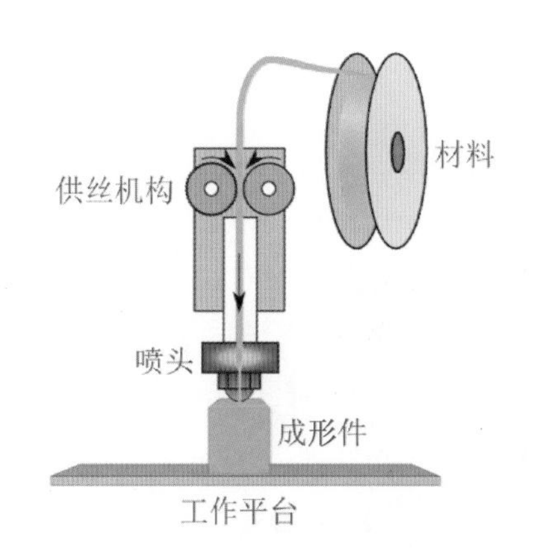

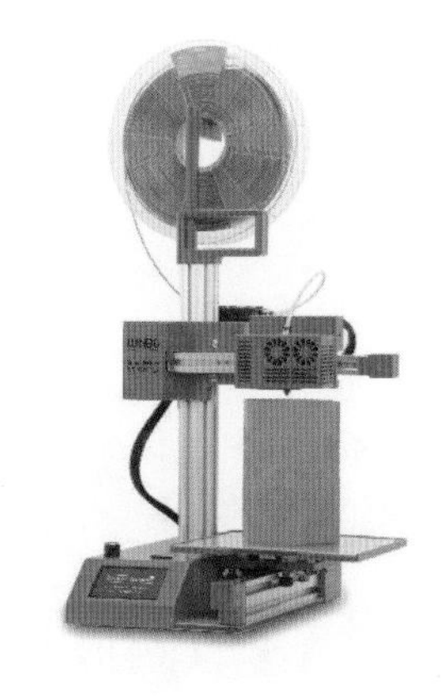

图 1–1–18　FDM 打印技术原理　　　图 1–1–19　FDM 类型 3D 打印机

2. 选择性激光烧结

选择性激光烧结（Selected Laser Sintering，SLS）又称选区激光烧结。它的原理是预先在工作台上铺一层粉末材料（金属粉末或非金属粉末），激光在计算机控制下，按照截面轮廓信息，对实心部分粉末进行烧结，然后不断循环，层层堆积成形。其原理如图 1-1-20 所示，设备如图 1-1-21 所示。

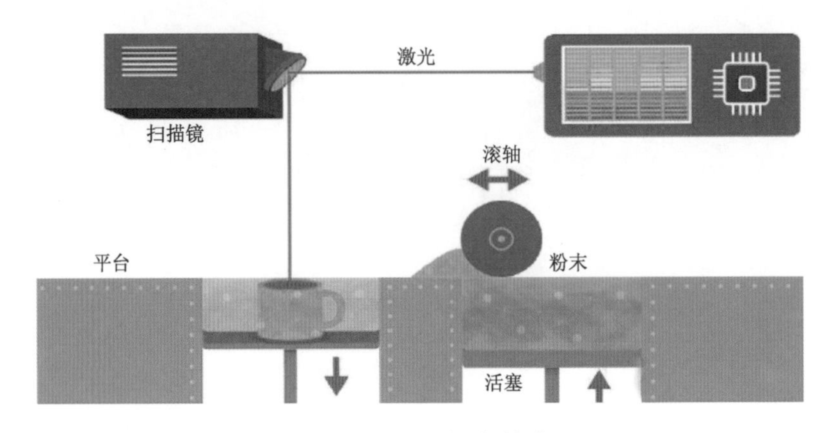

图 1-1-20　SLS 打印技术原理

3. 3D 印刷黏结成形

3D 印刷黏结成形（Three Dimensional Printing and Gluing，3DP）又称喷墨粘粉式 3D 打印技术，它与 SLS 工艺类似，采用粉末材料成形，如陶瓷粉末、金属粉末。所不同的是材料粉末不是通过烧结连接起来的，而是通过喷头用黏结剂（如硅胶）将零件的截面“印刷”在材料粉末上面。用黏结剂黏结的零件强度较低，还须后处理，其原理如图 1-1-22 所示，设备如图 1-1-23 所示。

图 1-1-21　SLS 类型 3D 打印机

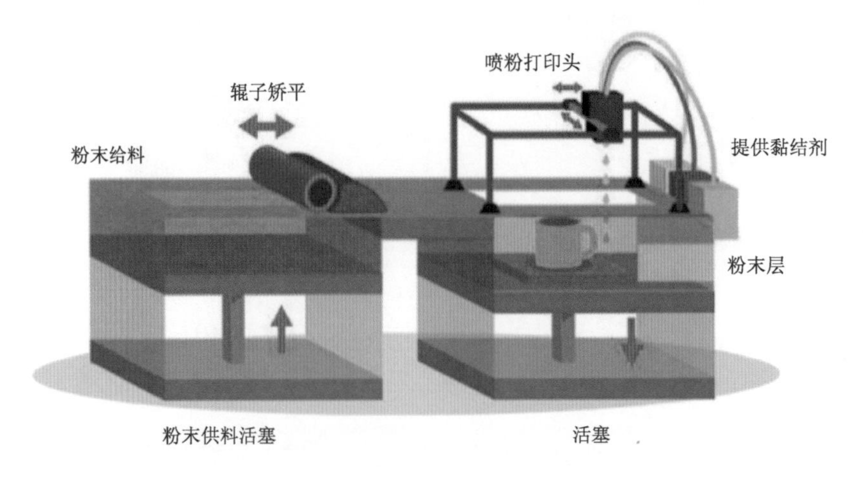

图 1-1-22　3DP 打印技术原理

4. 光固化成形

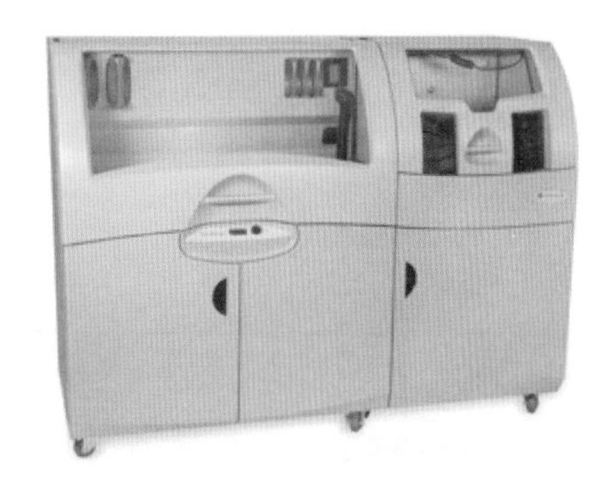
图 1-1-23　3DP 类型 3D 打印机

光固化成形（Stereo Lithography Appearance，SLA）又称立体光固化成形，该技术是最早开发的快速成形技术，也是现阶段最先进、最成熟、最广泛使用的快速原型技术。SLA 使用光敏树脂作为原材料，通过特定波长与强度的激光（紫外光）聚焦到光固化材料表面，使之由点到线、由线到面的顺序凝固，从而形成一层固态截面轮廓。然后升降台下移一个层厚的距离，接着再照射固化下一个层面，如此层层叠加完成一个 3D 实体的打印工作。其原理如图 1-1-24 所示，设备如图 1-1-25 所示。

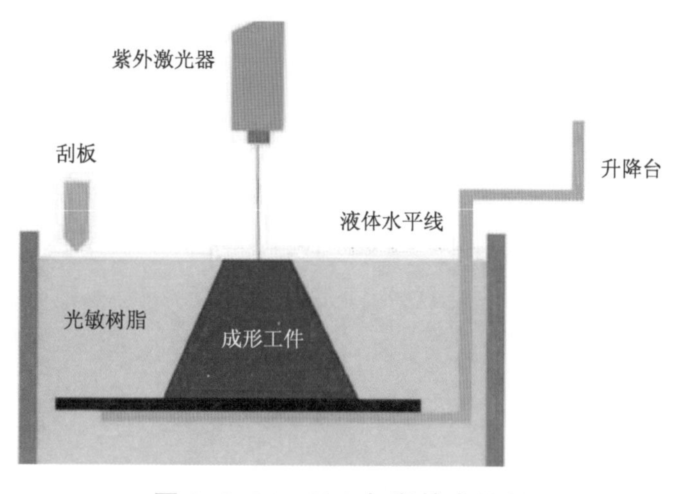

图 1-1-24　SLA 打印技术原理

光固化技术，除了 SLA 激光扫描和 DLP 数字投影，目前形成了一种新的技术，就是液晶屏选择性透光（Liquid Crystal Display，LCD），又称选择性透光，即利用 LCD 作为光源的技术。对 LCD 打印技术最简单的理解是，LCD 液晶屏将需要固化的区域显示为透明，紫外光穿透 LCD 液晶屏，将液晶屏上方的光敏树脂固化。每固化一次平台提升，再固化下一层，如此逐层堆积形成最终成品。其原理如图 1-1-26 所示，设备如图 1-1-27 所示。

图 1-1-25　SLA 类型 3D 打印机

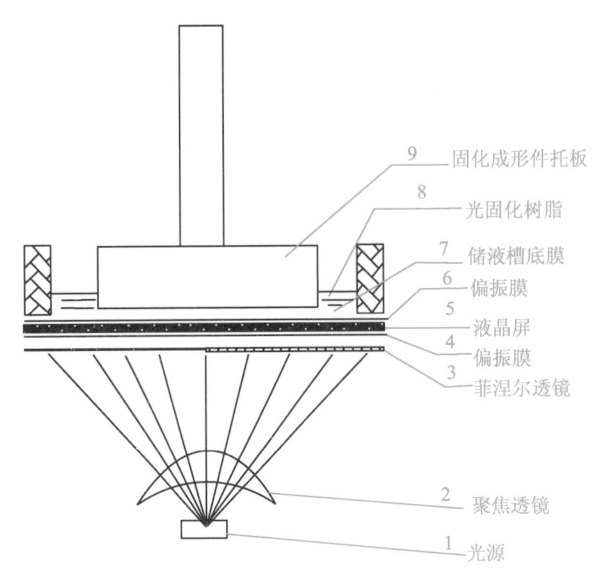

图 1-1-26　LCD 打印技术原理

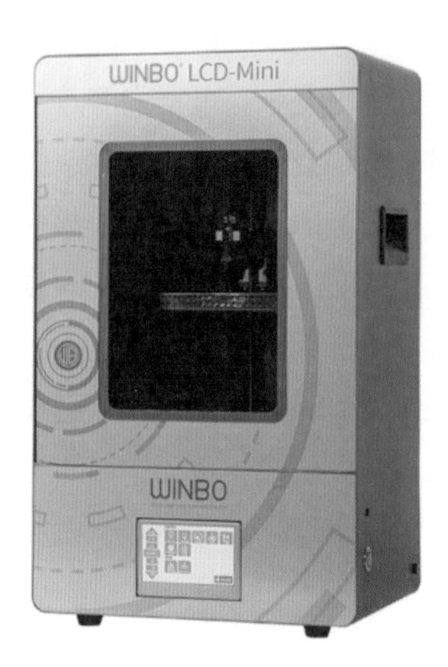

图 1-1-27　LCD 类型 3D 打印机

五、3D 打印应用案例

3D 打印技术是制造业领域正在迅速发展的一项新兴技术，被称为“具有工业革命意义的制作技术”。如今 3D 打印技术已在工业制造、航空航天、军事领域、建筑工程、教育教学、文化艺术、影视制作、医学医疗、服装设计、食品加工、家电行业、轻工工业、首饰加工等领域得到了广泛应用，展示了 3D 打印技术广阔的应用前景，如图 1-1-28 所示。

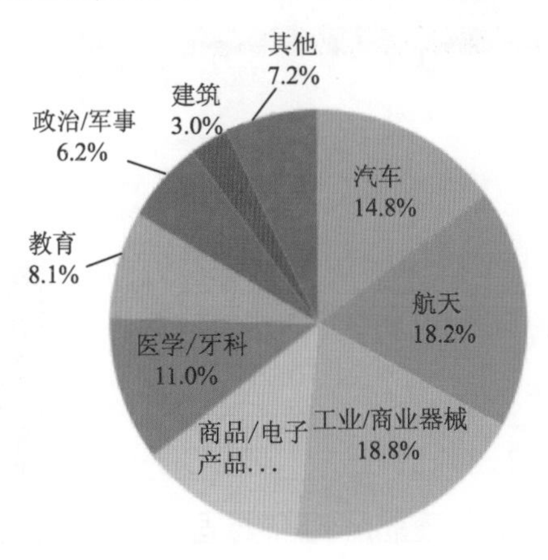

图 1-1-28　3D 打印的主要应用领域

1. 工业制造

2010 年，世界上第一辆 3D 打印汽车在人们面前亮相，这款 3D 打印汽车名为 Urbee，如图 1-1-29 所示。其车身是特制的 3D 打印机所打印制造，使用了超薄合成材料逐渐融合和固化。这款另类的汽车就像直接绘制而成，整车的外观设计非常科幻而光滑。

图 1-1-29 首款采用 3D 打印技术制造的汽车 Urbee

2. 航空航天

目前，3D 打印技术在全球属于前沿技术和前沿应用，最尖端的航空工业对这种技术非常关注。3D 打印技术正在被大规模应用于中国正在研发的首款航母舰载机歼 -15、多用途战机歼 -16 和商飞的民用大飞机 C919 上，如图 1-1-30 所示。钛合金和 M100 钢的 3D 打印技术已经广泛应用于歼 -15 的主承力部分，包括整个前起落架。3D 打印技术的应用，大大加速了国产尖端战机的研发速度。依托激光钛合金成形造价低、速度快的特点，组装出多个战斗机并已经进行过试飞，如图 1-1-30 所示。

图 1-1-30 采用 3D 打印的零部件的歼 -15

3. 军事领域

在军事领域装备维修方面，3D 打印技术将颠覆传统的器材保障方式。一旦零件损坏，只要有零件的 3D 模型数据，就可以在短时间内制造出来，而不必等待供应商的工厂制造，保证了战时的紧急维修。使用相同数量的耗材制造维修器材，3D 打印机的生产效率是传统方法的 3 倍。美军 2012 年 8 月开始向阿富汗部署了可移动的 3D 打印实验室，可以将铝、塑料和钢材等材料现场生产加工成所需零部件，包括单兵防护装备和武器零部件，海军水下作战中心已经利用 3D 打印技术进行了老旧零件与工装的维修。近年来，中国海军开始在驱逐舰上装备微型加工车间，应用 3D 打印技术快速修复受损零部件，大大提高了装备保障效率。

4. 建筑工程

2014 年，10 幢 3D 打印建筑在上海张江高新青浦园区内揭开神秘面纱，如图 1-1-31 所示。这些建筑的墙体是用建筑垃圾制成的特殊“油墨”，依据计算机设计的图纸和方案，通过一台大型的 3D 打印机层层叠加喷绘而成。打印一层住宅楼的时间仅需 1 天，然后再花 5 天时间就能将它们组装完毕，而这 10 栋别墅则从里到外完完全全都是由巨型 3D 打印机一次性打印完成。

图 1-1-31　3D 打印建筑

5. 教育教学

（1）3D 打印教具

3D 打印机能让枯燥的课程变得更加生动，使学习的方式变成视觉和触觉并存，这对学生来说具有很强的诱惑力。借助 3D 打印技术，学生不像以往只能从书本或显示屏上阅读文字图形的内容，而是他们通过实实在在的 3D 模型掌握核心概念，能促进学生快速吸收和消化知识，并且在实践中达到对知识的拓展提升。这种实验室式的课堂可以激发学生学习动机和探索的兴趣，达到“学中做，做中创”的学习效果。学生能够对课程产生更加深刻的印象，从而爱上学习。图 1-1-32 所示为 3D 打印课程设计的教具。

图 1-1-32　3D 打印课程设计的教具

（2）3D 打印机器人

3D 打印技术是创客教育、STEAM 教育、人工智能教育和劳动教育的重要载体，将 3D 打印与智能机器人融合能够创造出丰富多样的智能化的创客作品。2016 年广州市电化教育馆“智创空间”利用 3D 打印技术完成了一款“语音交互创客教育服务智能机器人”，将人工智能和智能机器人融入 3D 打印作品的创意设计中，通过积木式图形化软件编程实现了语音交互控制机器人完成多种功能，如百科知识问答、创客空间介绍、唱歌跳舞、背诵诗词、数学运算、自由行走、自动避障等。用 3D 打印技术完成的语音交互创客教育服务智能机器人如图 1-1-33 所示。

图 1-1-33　3D 打印语音交互创客教育服务智能机器人

6. 文化艺术

（1）创意设计

中央美术学院的一名大学生就成为中国第一位使用 3D 打印技术进行艺术创作的美术工作者。那时，她使用 3D 打印的礼帽在比利时设计大赛中获得亚军。之后，一系列作品又使用 3D 打印机打印，其中包括于 2012 年 6 月荣获中央美术学院“总统提名”最高奖的十二水灯系列，如图 1-1-34 所示，主要打印材料是尼龙。

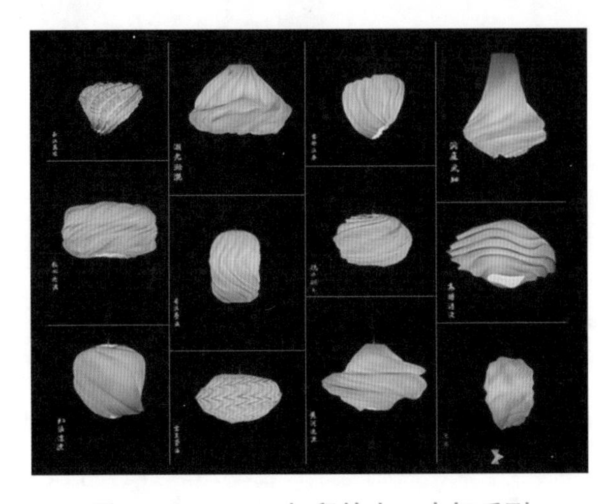

图 1-1-34　3D 打印的十二水灯系列

（2）3D 打印吉他

来自隆德大学的瑞典教授向世界展示了他这把非凡的 3D 打印铝质吉他——重金属，如图 1-1-35 所示。这是一把华丽的乐器，上面用铁丝网和玫瑰作为装饰，一下子就让人联想起了著名的重金属摇滚乐队——枪炮与玫瑰。

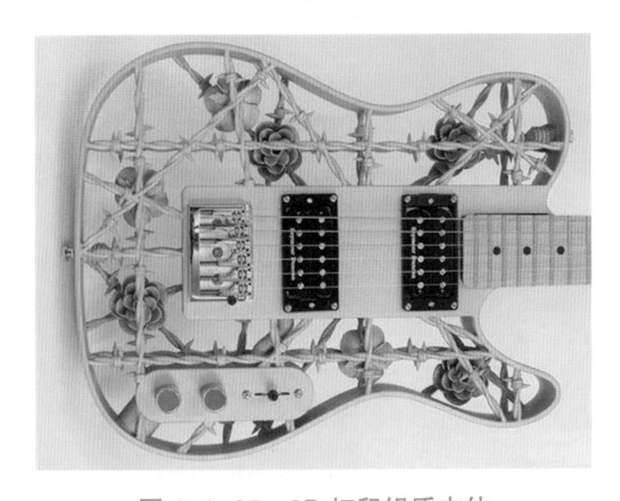

图 1-1-35　3D 打印铝质吉他

（3）3D 打印爵士鼓

新西兰奥克兰梅西大学的一位机电一体化设计工程师兼教授，从 2011 年开始，就利用激光烧结打印技术（SLS）制作精美复杂的各种电子乐器，这些 3D 打印乐器绝不仅仅是模型，而且完全可以演奏。如爵士鼓、电子琴、萨克斯等，3D 打印爵士鼓的音质非常棒，与原有套件之间几乎没有明显的区别，如图 1-1-36 所示。

图 1-1-36　3D 打印爵士鼓

7．影视制作

相信看过电影《普罗米修斯》的同学，都会被其中科幻、惊悚的镜头以及逼真的场景所吸引。这部电影中的许多场景、道具和服装都是通过 3D 打印技术打印的。例如，女主角在太空中使用的头盔，如图 1-1-37 所示。

图 1-1-37　电影《普罗米修斯》中的宇航员头盔以及打印头盔的 3D 打印机

8. 医学医疗

(1) 3D 打印人体胚胎干细胞

英国研究人员首次用 3D 打印机打印出人体胚胎干细胞，干细胞鲜活而且保有发展为其他类型细胞的能力。研究人员说，这种技术或可制造人体组织以测试药物、制造器官，乃至直接在人体内打印细胞，如图 1-1-38 所示。

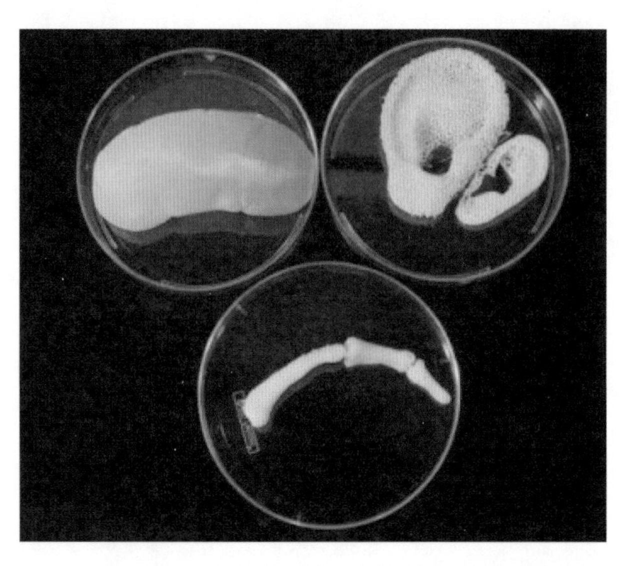

图 1-1-38　用于引导细胞生长的 3D 打印模型

(2) 3D 打印抗新冠病毒防护面具

2020 年，COVID-19 疫情在全球迅速蔓延，几乎所有国家和地区都面临包括口罩、防护服、护目镜在内的个人防护设备以及其他医疗设备的短缺。在这样的情况下，3D 打印突出重围，为疫情下的医疗物资生产创出一条新路。3D 打印作为一种基于数字模型的打印技术，具备小批量、分布式、快速制造的特点，可在线完成建模并准时交付打印模型，快速实现本地生产，就近服务。此外，3D 打印还可以共享数据模型，实现网络协同生产，提高生产效率，满足批量需求。在疫情肆虐的特殊时期，3D 打印使无须面对面的在线化生产成为可能，在确保生产不打烊的同时，最大限度地降低了接触可能引发的病毒传播。3D 打印在对抗 COVID-19 中的应用主要包括个人防护设备（PPE）、医疗和检测设备，可视化测试模型、隔离防护和其他配件，如面部防护罩、呼吸机、FFP3 口罩、口罩调节器等。3D 打印促进呼吸的面罩如图 1-1-39 所示。

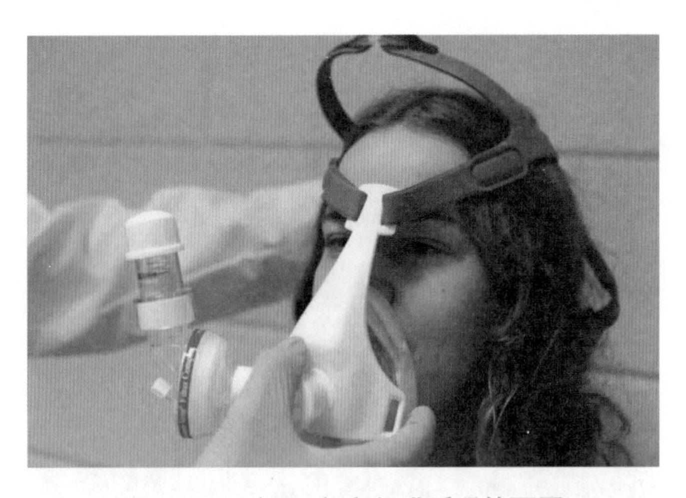

图 1-1-39　3D 打印促进呼吸的面罩

9. 服装设计

（1）个性礼服

挑选一件合身的衣服是一件很不容易的事情，用 3D 打印机制作的衣服，可谓是解决人们挑选服装时遇到困境的万能钥匙。一个设计工作室已经成功使用 3D 打印技术制作出服装，如图 1-1-40 所示。使用 3D 打印技术制作出的服装不但外观新颖，而且舒适合体。

图 1-1-40　时装发布会上展示的 3D 打印晚礼服

（2）魅力球鞋

Nike 发布了全球首款 3D 打印的球鞋，这双 3D 打印的球鞋名为 Vapor Laser Talon Boot(蒸汽激光爪)，如图 1-1-41 所示。整个鞋底采用 3D 打印技术制造。不仅外观看起来很炫，还拥有优异的性能，能提升足球运动员在前 40 米的冲刺能力。这款全新的概念足球鞋在设计制造的过程中融合了 3D 设计建模、样版制作以及 3D 打印等前沿技术。通过 3D 技术，这款球鞋在设计制造的过程中有着工艺简单、柔性度高、成本低、成形速度快等特点，同时也将样品的开发时间由几个月缩短为几个小时。

图 1-1-41　3D 打印的鞋子

10. 食品加工

（1）3D 打印巧克力

法国一家大学的研究人员展出了一种新型巧克力 3D 打印机，这个 3D 打印机可根据用户自己的喜好制作各种形状的个性化巧克力。巧克力 3D 打印机的工作原理与普通喷墨打印机非常相似。用户可以根据他们自己的喜好设计巧克力然后将其打印出来，如图 1-1-42 所示。

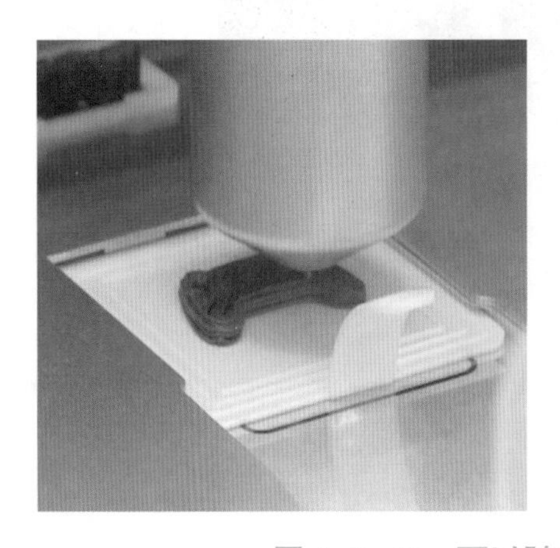

图 1-1-42　可以随意制作的 3D 打印巧克力

（2）3D 打印汉堡包

荷兰一支科研团队正在力争使 3D 打印牛肉在 5 年内上市，这个团队从 2013 年就开始致力于基于牛肉干细胞的 3D 打印肉类研究，其模型无论是从外表上还是从味道上跟真正的汉堡没有区别，但其制作成本高昂。目前他们正在向商品化方向努力，以创造出具有更加合理价格、味道更好和更容易批量制造的 3D 打印牛肉，如图 1-1-43 所示。

图 1-1-43　采用生物 3D 打印机制作的牛肉

实　践

请同学们以小组为单位，根据“初步了解 3D 打印技术”项目学习探究活动一览表以及本节所呈现的内容，填写“初步了解 3D 打印技术”项目研究报告书，见表 1-1-2。

表 1-1-2　“初步了解 3D 打印技术”项目研究报告书

项目名称	
项目成员	
3D 打印技术概念	
3D 打印发展历程	
3D 打印技术原理	
简单绘制其中一种成形原理示意图	
3D 打印技术应用领域	
用一句话概括项目学习感想	

成果交流

完成项目研究报告书后，项目团队成员分工协作，把报告书与大家分享交流，进一步完善项目研究报告书。

思　考

- 用自己的语言简单阐述什么是 3D 打印技术?
- 3D 打印技术有哪些优点和缺点?
- 常见的 3D 打印技术原理有哪些?
- 3D 打印技术在哪些领域得到应用?

活动评价

请同学们根据表 1–1–3，对项目学习效果进行评价。

表 1–1–3　活动评价表

评 价 内 容	个人评价	小组评价	教师评价
理解 3D 打印技术概念	□优 □良 □一般	□优 □良 □一般	□优 □良 □一般
知道 3D 打印技术发展简史	□优 □良 □一般	□优 □良 □一般	□优 □良 □一般
知道 3D 打印技术优点和缺点	□优 □良 □一般	□优 □良 □一般	□优 □良 □一般
知道常见的 3D 打印技术原理	□优 □良 □一般	□优 □良 □一般	□优 □良 □一般
知道 3D 打印机技术的应用领域	□优 □良 □一般	□优 □良 □一般	□优 □良 □一般

知识拓展

增材制造、减材制造与等材制造之间的区别

传统制造方法根据零件成形的过程可以分为两大类型：一类是以成形过程中材料减少为特征，通过各种方法将零件毛坯上多余材料去除掉，如切削加工、磨削加工、各种电化学加工方法等，这些方法通常称为减材制造；另一类是材料的质量在成形过程中基本保持不变，如采用各种压力成形方法以及各种铸造方法的零件成形，它在成形过程中主要是材料的转移和毛坯形状的改变，这些方法通常称为等材制造。这两种方法是目前制造领域中普遍采用的方法，也是非常成熟的方法，能够满足加工精度等

各种要求。然而，随着市场日新月异的变化以及产品生命周期的缩短，企业必须重视新产品的不断开发和研制，才能在竞争不断激烈的市场中立于不败之地。传统的制造方法无法很好地满足新产品快速开发的要求，促使在制造领域中发生了一场大的变革，这就是增材制造的出现。增材制造（Additive Manufacturing，AM）指基于离散－堆积原理，由零件三维数据驱动直接制造零件的科学技术体系，融合了计算机辅助设计、材料加工与成形技术、以数字模型文件为基础，通过软件与数控系统将专用的金属材料、非金属材料以及医用生物材料，按照挤压、烧结、熔融、光固化、喷射等方式逐层堆积，制造出实体物品的制造技术。基于不同的分类原则和理解方式，增材制造技术还有快速原型、快速成形、快速制造、3D 打印等多种称谓，其内涵仍在不断深化，外延也不断扩展。增材制造、减材制造和等材制造如图 1-1-44 所示。

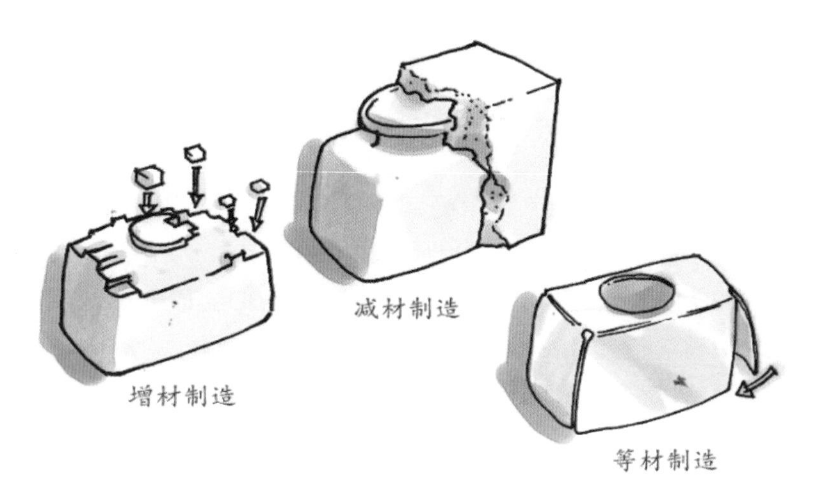

图 1-1-44　增材制造、减材制造和等材制造示意图

学习视频

3D 打印技术概述

常见 3D 打印技术与应用

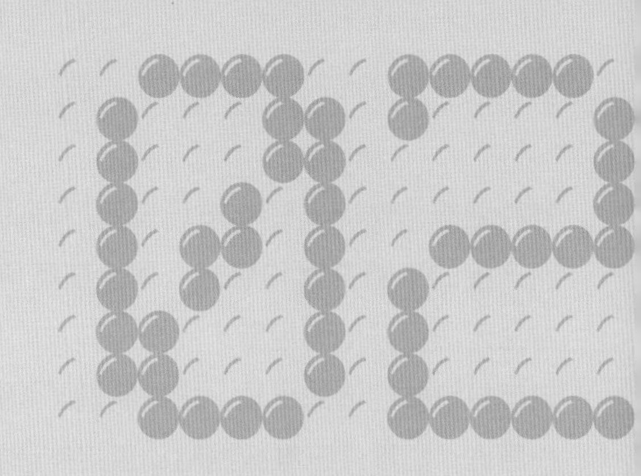

第二章 FDM 3D 打印机应用

在第一章已经初步了解了 3D 打印机及其发展历程。知道 3D 打印是将 3D 数字模型作为 3D 打印机的原始文件，然后通过 3D 打印机将材料一层一层地堆积成 3D 实体。3D 打印技术是一种先进的“增材制造”技术，其不受产品结构限制的特性决定了它在许多行业中都有用武之地。

本章以“FDM（熔融沉积成形）3D 打印机”为例，基于 STEAM 教育理念开展自主学习、协作学习和探究式项目学习，了解 FDM 3D 打印机的结构与基本实现原理；知道获取 3D 打印模型数据的方式；使用 Winware 切片软件，对 3D 模型文件进行分层切片；掌握 FDM 3D 打印机操作、激光雕刻的操作及其日常维护方法；熟悉 3D 打印产品后期处理方法。从而，将知识建构、技能培养与思维发展融入运用数字化工具解决问题和完成任务的过程中，促进学科核心素养的养成，完成项目学习目标。

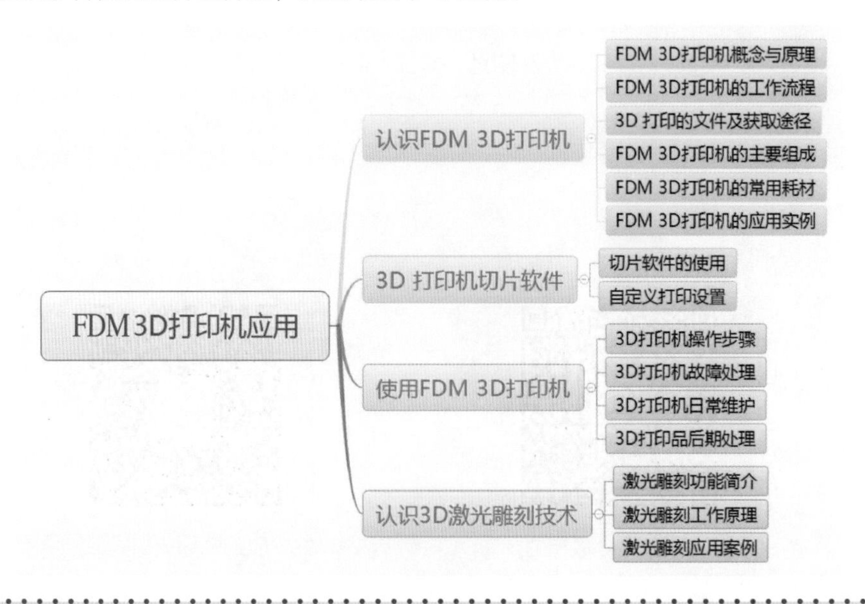

项目一　认识 FDM 3D 打印机

情景导入

某款运动鞋首次采用 3D 打印织物技术制作，某知名马拉松运动员在 2018 年 4 月举办的伦敦马拉松比赛中穿着这款运动鞋，向世界纪录发起冲击。这款运动鞋的鞋面是通过熔融沉积成形（FDM），如图 2-1-1 所示。

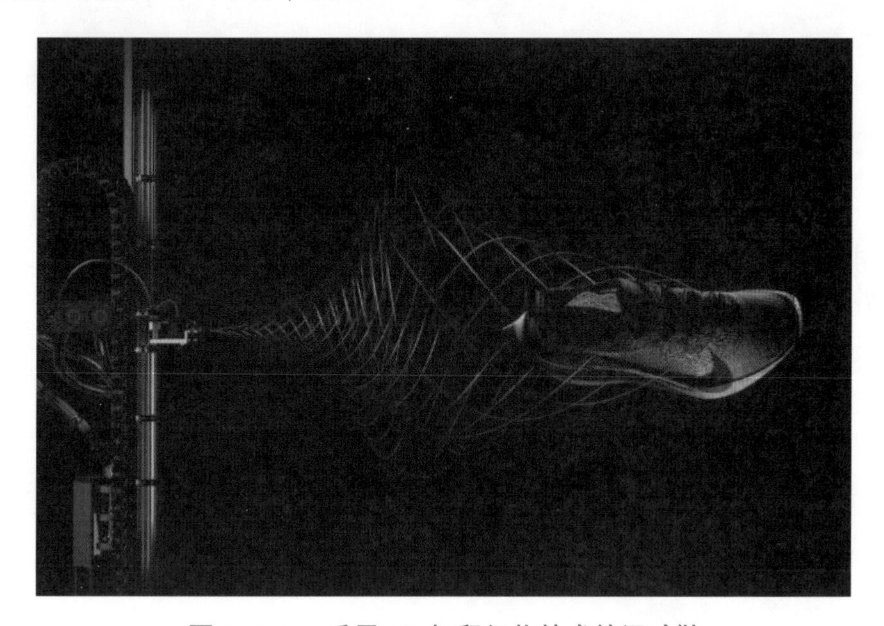

图 2-1-1　采用 3D 打印织物技术的运动鞋

项目主题

以“FDM 3D 打印机”为主题，通过网络搜索、视频观看、分组探讨，对 FDM 3D 打印机的结构组成进行分析，认识喷头系统、工作平台和操作系统在 FDM 3D 打印机中的重要性，知道 FDM 3D 打印机工作原理、常见打印材料和应用实例。

项目目标

- ◆ 了解 FDM 3D 打印机的概念。
- ◆ 理解 FDM 3D 打印机基本原理及其工作流程。
- ◆ 认识 FDM 3D 打印机主要部件组成。
- ◆ 了解 FDM 3D 打印材料类型。

请同学们根据项目主题要求，通过调查和案例分析，文献阅读或网上搜索资料，开展“认识 FDM 3D 打印机”项目学习探究活动，如表 2-1-1 所示。

表 2-1-1 “认识 FDM 3D 打印机”项目学习探究活动一览表

探究活动	学习内容	知识技能
认识 FDM 3D 打印机	分析 FDM 3D 打印机的概念及工作原理	解释什么是 FDM 3D 打印机
	分析 FDM 3D 打印机工作流程	理解 FDM 3D 打印机工作原理及工作流程
	分析 FDM 3D 打印机主要部件组成	认识 FDM 3D 打印机主要部件组成
	分析 FDM 3D 打印材料分类及区别	知道 FDM 3D 打印材料分类及区别
	列举 FDM 3D 打印机的实例应用	了解 FDM 3D 打印机的实例应用

问 题

◆ 什么是 FDM 3D 打印机?

◆ FDM 3D 打印技术原理是什么?

◆ FDM 成形原理与其他成形原理有什么区别?

一、FDM 3D 打印机概念与原理

1. FDM 3D 打印机概念

熔融沉积（Fused Deposition Modeling，FDM）又称熔丝沉积，主要采用丝状热熔性材料作为原材料，通过加热融化，将液化后的原材料通过一个微细喷嘴的喷头挤出。原材料被挤出后沉积在工作平台或者前一层已固化的材料上，温度低于熔点后开始固化，通过材料逐层堆积形成最终的成品，如图 2-1-2 所示。

2．FDM 3D 打印机技术原理

FDM 3D 打印机的工作原理如图 2–1–3 所示。其中，加热喷头在计算机的控制下，可根据截面轮廓信息，做 X–Y 平面运动和高度 Z 方向的运动。丝状热塑性材料（如 ABS、PLA、PETG、TPU、蜡、尼龙等）由供丝机构送至喷头，并在喷头中加热至熔融状态，然后被选择性地涂覆在工作平台上，快速冷却后形成截面轮廓。一层截面完成后，喷头上升一截面层的厚度，再进行下一层的涂覆。如此循环，最终形成 3D 产品。

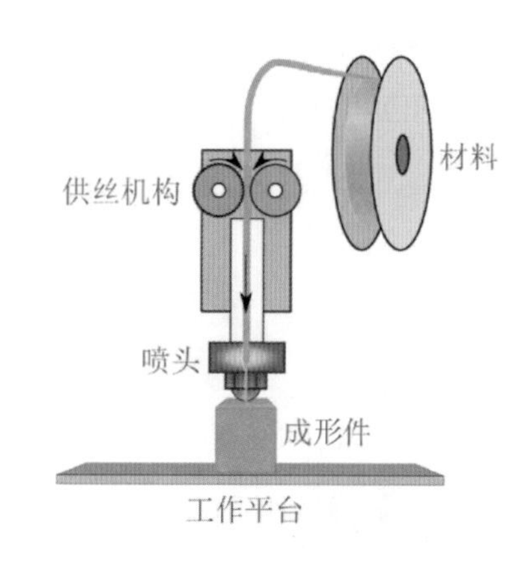

图 2–1–2　工作中的 FDM 3D 打印机

图 2–1–3　FDM 技术工作原理

二、FDM 3D 打印机的工作流程

熔融沉积造型技术（FDM）加工的每一个产品，从最初的 3D 数字模型到最终的加工完成主要经历的过程如下：

1．构建 3D 数字模型

在加工之前要先利用 3D 建模软件建立好成形件的 3D 数字模型。这种 3D 模型可以通过 3D One、IME3D、3ds Max、SolidWorks、Pro/E、UG 等软件完成，这些软件都是主流的建模软件。

2．3D 数字模型处理

由于成形件通常具有比较复杂的曲面，为了便于后续的数据处理和减小计算量，那么就要对 3D 数字模型进行近似处理——输出 STL 文件格式。由于生成 STL 格式文件方便、快捷，而且数据存储方便，目前这种文件格式已经在快速成形制造过程中得到广泛应用。

3．3D 数字模型切片

对 STL 格式的模型进行切片处理，提取出每层的截面信息，生成数据文件，再将数据文件导入 3D 打印机中。切片时每一层的层厚越小，成形件的质量越高，但加工所需时间越长，反之则成形质量低，加工所需时间越短。

4. 3D 数字模型打印

实际上 3D 打印机在数据文件的控制下，打印喷头按照所获得的每层数据信息逐层打印堆积，最终完成整个成形件的加工。

5. 3D 成品后期处理

从 3D 打印机中取出的成形件，还要进行去支撑、打磨、抛光、上色等后期处理，进一步提高打印的成形质量。

FDM 3D 打印机工作流程，如图 2-1-4 所示。

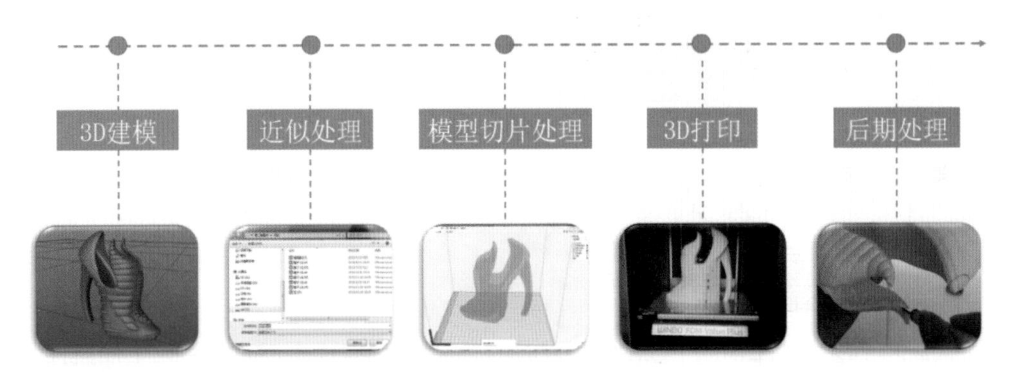

图 2-1-4　FDM 技术工艺流程

三、3D 打印的文件及获取途径

3D 打印的常用文件是 STL（Stereo Lithography Interface Specification）格式，它是一种为 3D 打印技术服务的 3D 图形文件格式，如图 2-1-5 所示。目前已成为 3D 打印领域的标准格式。因此需要准备好 STL 格式的 3D 模型。

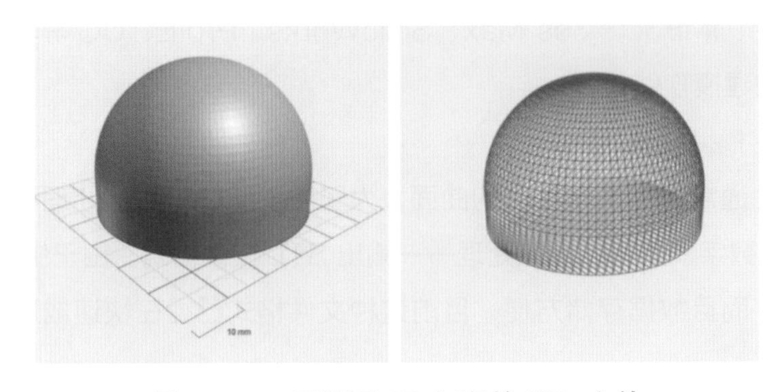

图 2-1-5　可用于 3D 打印的 STL 文件

获得 STL 格式文件的途径有以下几种：

1. 自主设计 3D 模型。使用 3D 设计软件，如 3D One、IME3D、3ds Max、

Maya、AutoCAD、SolidWorks、Pro/E 等 3D 制图，并导出 STL 文件。

2. 3D 扫描仪。通过 3D 扫描仪对物件数字化，并导出 STL 文件。

3. 通过互联网搜索、下载 STL 文件。

四、FDM 3D 打印机结构组成

FDM 3D 打印机并不复杂，只要把部件的工作范围进行划分，就可以很容易理解 FDM 3D 打印机是如何工作的。按机器组成构造分类，可以把 3D 打印机分为软件、机械和电子三个部分。

1. 软件部分

简单来说，3D 打印机是通过 3D 建模软件做出数字模型；再用 3D 切片软件将模型分割成无数个层，每层的厚度相当于 3D 打印机的精度；然后 3D 切片软件生成无数个打印的坐标命令供机械部分执行。

2. 机械部分

机械部分是执行打印命令的动力结构，由打印主机、步进电动机、送料机构、同步轮、传送带、打印喷头、打印平台等组成的 X、Y、Z 三维坐标轴，软件部分生成的打印坐标就由此定位。

3. 电子部分

电子部分是软件和机械部分的桥梁，主要对切片软件生成的指令进行控制电动机运动和喷头温度等，软件生成的坐标指令由电子控制机械部分执行，以达到精准打印的目的。3D 打印机的零部件组成如图 2-1-6 所示。

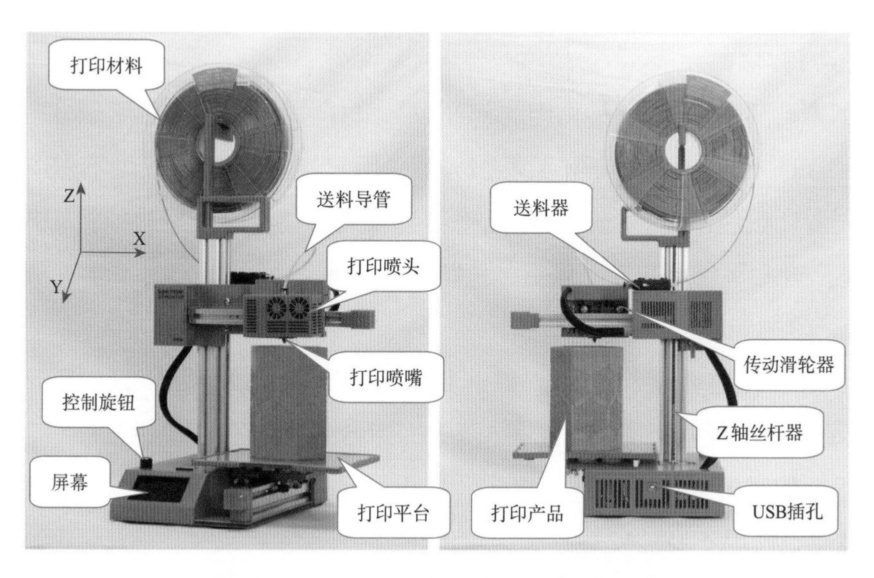

图 2-1-6 3D 打印机主要零部件组成

五、FDM 3D 打印机常用耗材

FDM 打印材料一般是热塑性材料，如 PLA、ABS、PETG、PC、TPU、蜡、尼龙等，以线状供料，材料成本低。FDM 打印材料对线径的要求比较严格，有直径 1.75 mm 和 3 mm 两种规格；FDM 采用热塑成形的方法，材料要经过“固态—液态—固态”的转变，对材料的特性、成形温度、成形收缩率等有着特定的要求，这不仅限制了材料的种类，还增加了 3D 打印机的研发难度。下面介绍 3 种常用 FDM 打印材料。

1. ABS 材料

ABS 即丙烯腈、丁二烯、苯乙烯三种单体的三元共聚物，是一种 FDM 最常用的打印材料，具有优良的力学性能和容易去支撑等优点。ABS 是 FDM 3D 打印机用户喜爱的打印材料，比如打印玩具、创意家居饰件等，如图 2-1-7 所示。

图 2-1-7　ABS 打印材料

2. PLA 材料

PLA 即聚乳酸，是另外一种常用的 FDM 打印材料，如图 2-1-8 所示。PLA 可降解，是一种食品级的材料，打印过程不会散发异味。用 PLA 打印出来模型不翘边，无气泡。产品表面光滑，颜色饱满。这种材料几乎不会收缩，黏性比较好，能打印尺寸比较大的模型，不必担心平台上的成品悬空、歪斜或损坏等。

3. PETG 材料

PETG 是一种透明塑料，是一种非结晶型共聚酯，如图 2-1-9 所示。它既有 PLA 的光泽度，还有 ABS 的强度，是两者的综合体。PETG 是进口原料，环保，无气味。打印模型时出料畅顺，不易堵头。打印产品光泽度高，强度高，表面光滑，具有半透明效果，产品不易破裂。

图 2-1-8　颜色绚丽的 PLA 打印材料

图 2-1-9　PETG 打印材料

六、FDM 3D 打印机应用实例

2014 年，某汽车品牌的葡萄牙工厂开始利用 3D 打印技术制造组装线所需的工具，而到了 2016 年，3D 打印机技术已经可帮助该工厂节省超过 90% 的成本和超过 95% 的时间。

帮助该工厂实现这一“壮举”并非昂贵的工业级 3D 打印机，而是最为普遍的桌面级 FDM 3D 打印机。正是在 3D 打印机的帮助下，该工厂的工程师得以设计并按需制造工具，而这不但大大减少了他们对外部供应商的依赖，而且显著提高了生产力。轮胎保护夹具就是一个最佳实例，如图 2-1-10 所示。原先，轮胎保护夹具只能从外部供应商那里获得，总费用高达 893 美元，完成时间是 56 天。但是借助 3D 打印后，它已经彻底实现了内部按需制造，并且成本降低到了 23.4 美元，完成时间也缩短到了 10 天左右。

图 2-1-10　用 FDM 3D 打印机制造的轮胎保护夹具

实　践

①以小组协作的形式，通过网络和其他方式搜索、归纳、总结和提炼相关资料，认识常见 3D 打印机材料，完成 3D 打印材料对比表，如表 2-1-2 所示。

表 2-1-2　3D 打印材料对比表

材料名称	PLA	ABS	PETG
优点			
缺点			
打印参数			

②以小组协作的形式，通过网络和其他方式搜索、归纳、总结和提炼相关资料，了解 3D 打印机除了应用在汽车行业，还有哪些行业领域可用到 3D 打印机？完成 3D 打印机实例应用报告，如表 2-1-3 所示

表 2-1-3　3D 打印机实例报告

领域	具体实例
教学	
制作业	
医疗	
建筑	
科研	
珠宝	

③请同学们进行分组，根据“认识 FDM 3D 打印机”项目学习探究活动一览表以及本节所呈现的内容，经过集体讨论，填写“认识 FDM 3D 打印机”项目研究报告书，如表 2-1-4 所示。

表 2-1-4 “认识 FDM 3D 打印机”项目研究报告书

项 目 名 称	
项目组成员	
FDM 3D 打印机工作原理	
FDM 3D 打印机工作流程	
FDM 3D 打印机主要部件组成	
主要打印材料	
应用领域	
用一句话概括项目学习感想	

成果交流

完成项目研究报告书后，项目团队成员分工协作，把报告书与大家分享交流，进一步完善项目研究报告书。

思 考

◆ 用自己的语言简单阐述什么是 3D 打印技术。

◆ 根据 FDM 工艺流程，3D 打印前需要获得打印件的 3D 模型图。请同学们进行小组讨论，打印件的 3D 模型如何获得?

◆ 现在常用的 3D 建模软件有哪些，各自应用在什么领域?

活动评价

请同学们根据表 2-1-5，对项目学习效果进行评价。

表 2-1-5 活动评价表

评价内容	个人评价	小组评价	教师评价
理解 FDM 3D 打印机概念及工作原理	□优 □良 □一般	□优 □良 □一般	□优 □良 □一般
知道 FDM 3D 打印机工作流程	□优 □良 □一般	□优 □良 □一般	□优 □良 □一般
了解 FDM 3D 打印机主要部件组成	□优 □良 □一般	□优 □良 □一般	□优 □良 □一般
了解 FDM 3D 打印机的主要材料及其区别	□优 □良 □一般	□优 □良 □一般	□优 □良 □一般
知道 FDM 3D 打印机的行业应用	□优 □良 □一般	□优 □良 □一般	□优 □良 □一般

学习视频

FDM 3D 打印机认知

项目二　3D 打印机切片软件

情景导入

3D 打印是把 3D 建模软件制作或用 3D 扫描的数据模型实体化的过程，这个制造过程中需要对模型进行切片，生成每一个截面的图形数据。好比我们去医院做 CT（电子计算机断层扫描）检查，把我们身体某一部分的截面按照顺序扫描出来，如图 2-2-1 所示。

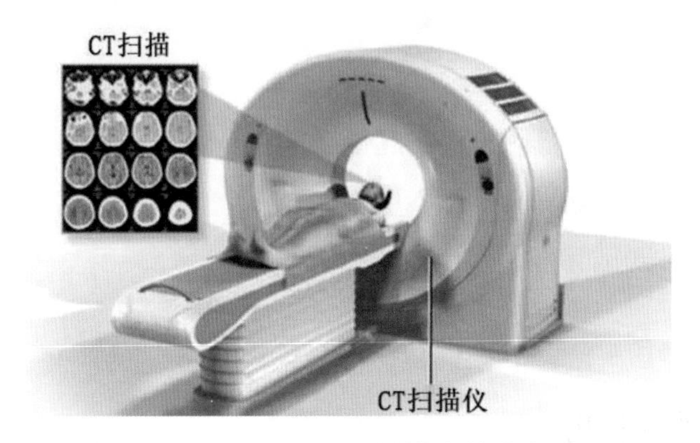

图 2-2-1　CT 机逐层扫描人体内部组织

项目主题

以“高跟鞋数字模型切片”为主题，通过分组探究，对 Winware 界面及参数含义进行分析。认识到层厚、温度、打印速度等参数设置直接影响打印件的质量；了解切片软件中的参数含义，知道每个参数设置对 3D 模型实际打印效果的影响，从而熟练掌握 3D 打印机切片软件操作。

项目目标

- ◆ 熟练掌握 3D 打印机切片软件的使用。
- ◆ 理解每个设置参数的含义。
- ◆ 知道通过参数设置对 3D 模型实际打印的影响。

项目探究

请同学们根据项目主题要求，通过调查和案例分析，文献阅读或网上搜索资料，开展“高跟鞋数字模型切片”项目学习探究活动，如表 2-2-1 所示。

表 2-2-1 “高跟鞋数字模型切片”项目学习探究活动一览表

探究活动	学习内容	知识技能
高跟鞋数字模型切片	分析 Winware 3D 打印机切片软件界面与参数含义	掌握 3D 打印机切片软件使用
		理解软件参数的含义
		知道每个参数设置对 3D 模型实际打印的影响

◆ 切片软件在整个 3D 打印流程中起什么作用?

◆ 模型切片时主要设置哪些参数?

◆ 设置这些参数对实际打印有什么影响?

一、切片软件的使用

第一次打开切片软件时，需要选择 3D 打印机机型 , 如图 2-2-2 所示。软件中已按机型提供合适的默认参数，正确选择机型可大幅度节省进行设置的时间。

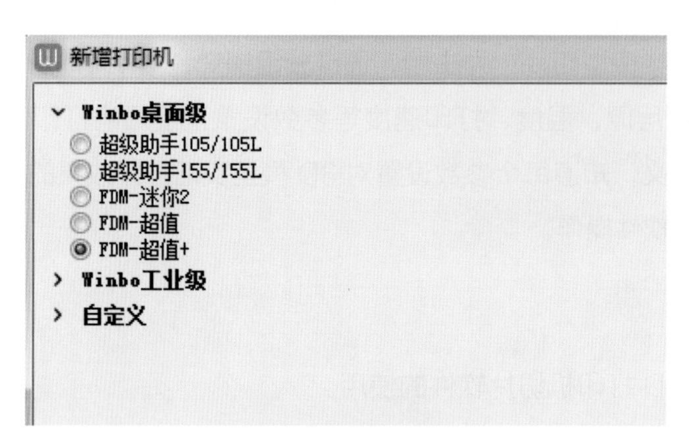

图 2-2-2 切片软件中选择 3D 打印机

打开 Winware 切片软件进入主界面，如图 2-2-3 所示，单击界面左上方的“打开文件”按钮，或单击菜单“文件”→“打开文件”命令，选择打开高跟鞋 3D 模型文件。

1．常用文件类型

①模型文件类型：3MF、STL、OBJ、X3D，常用的 3D 模型文件。

②图像文件类型：BMP、GIF、JPEG、JPG、PNG，打开时转换为浮雕模型。

③代码文件类型：G、GCODE、WG；打开可进行分层预览，不能重新进行切片。

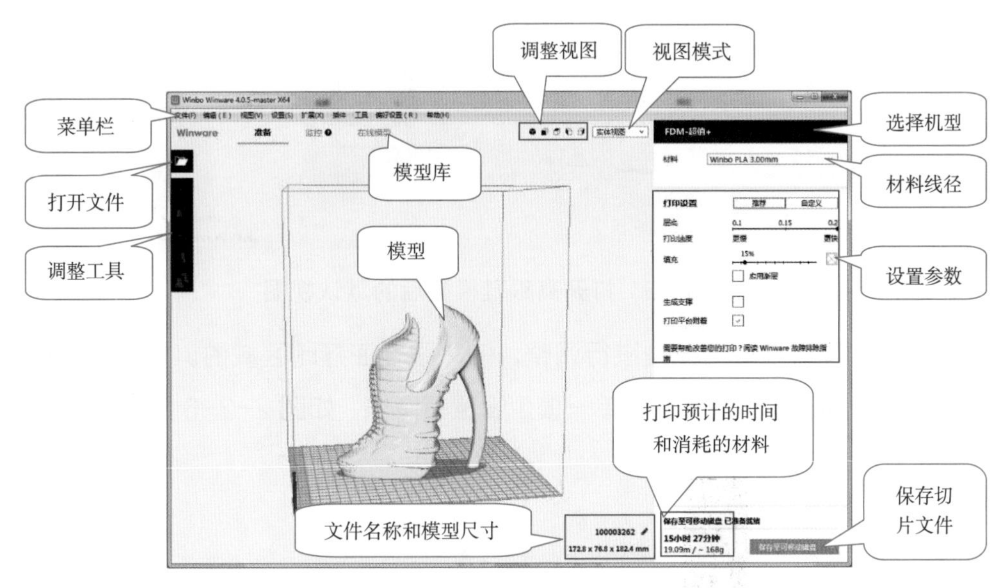

图 2-2-3　切片软件主界面

2．鼠标按键操作

通过鼠标和键盘的配合，调整模型视角，具体操作按键方式如图 2-2-4 所示。

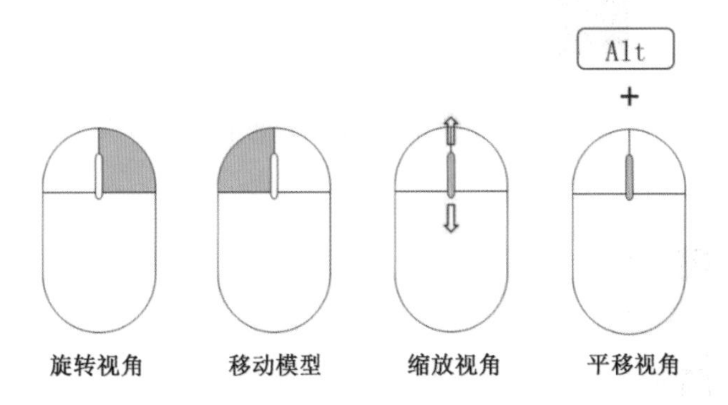

图 2-2-4　切片软件鼠标操作

3．调整模型位置

打开高跟鞋模型，通过观察发现模型不在打印区域内，且模型尺寸比 3D 打印机打印尺寸大，如图 2-2-5 所示。

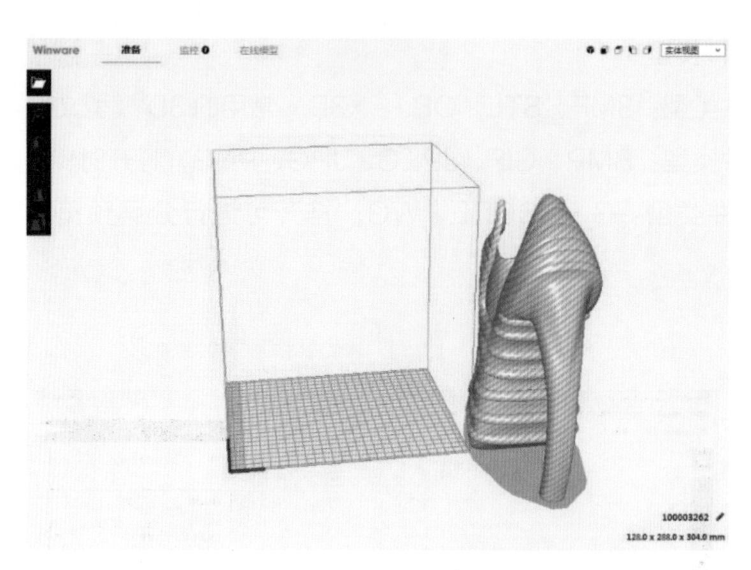

图 2-2-5　打开高跟鞋模型后的默认视图

通过调整工具对高跟鞋模型进行调整，使高跟鞋在打印区域内。模型调整包括对模型的移动、缩放、旋转、镜像、单一模型设置等操作，如图 2-2-6 所示。

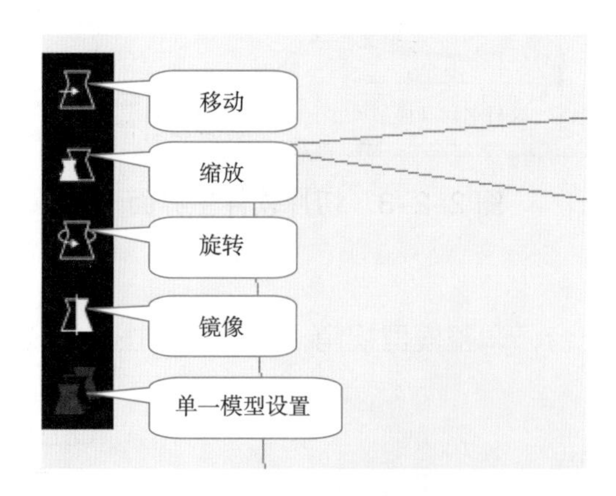

图 2-2-6　切片软件的调整工具

具体调整操作如下：

①用移动工具选中模型，通过模型上红绿蓝（分别代表 X 轴 /Y 轴 /Z 轴）三个箭头，将高跟鞋模型移动到打印区域中心，如图 2-2-7 所示。

②用旋转工具选中模型，模型上出现红绿蓝（分别代表 X 轴 /Y 轴 /Z 轴）三个圆圈，拖动蓝色圆圈，使模型沿 Z 轴旋转 90°，如图 2-2-8 所示。

③用缩放工具选中模型，模型上出现红绿蓝（分别代表 X 轴 /Y 轴 /Z 轴）三个控制杆，拖动控制杆调整模型大小，或输入数值确定模型大小。把 Z 改为 200 mm，如图 2-2-9 所示。

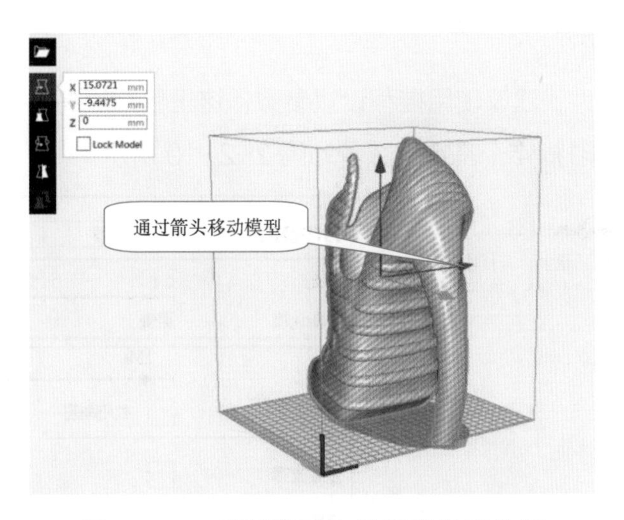

图 2-2-7　利用移动工具调整模型位置

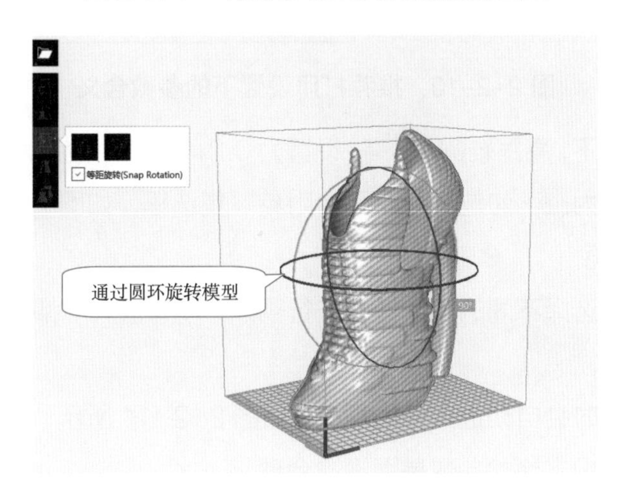

图 2-2-8　利用旋转工具调整模型角度

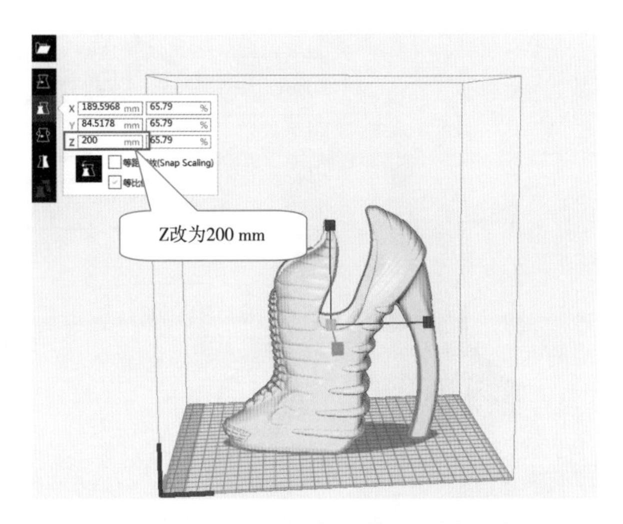

图 2-2-9　利用缩放工具调整模型大小

4. 打印参数设置

首次使用切片软件，建议使用推荐设置参数，这里包括层高（打印速度）、填充、生成支撑、打印平台附着 4 个基本参数，如图 2-2-10 所示。

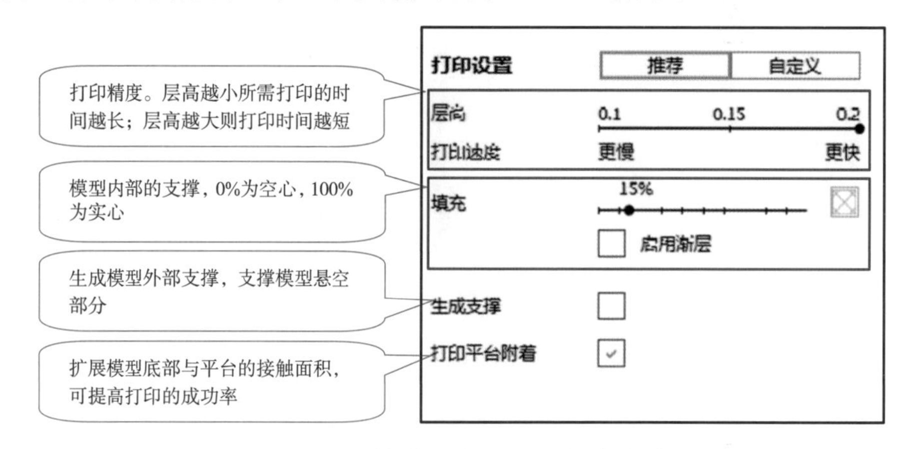

图 2-2-10　推荐打印设置下的参数含义

在推荐打印设置下，高跟鞋的“层高”设置为 0.2，“填充”设置为 15%，“启用渐层”为空，“生成支撑”为空，勾选“打印平台附着”复选框，如图 2-2-10 所示。

5. 切片分层预览

根据不同的需要选择不同的视图模式进行观察，所有模式下都能对模型进行选择。

（1）分层视图

高跟鞋开始切片时会自动进入分层视图，如图 2-2-11 所示，通过拖动预览滑块，观察高跟鞋的分层情况，检验参数是否设置合理。

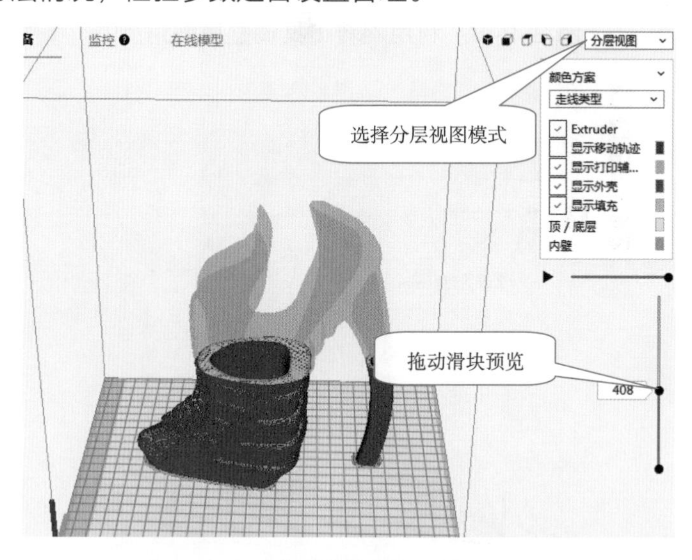

图 2-2-11　高跟鞋切片后的分层视图

（2）实体视图

按材料设置指定的颜色显示模型，悬空部分及朝下的面以红色标示，如图 2-2-12 所示。

（3）透视视图

透视观察模型，主要用于分析模型内部结构，以及观察模型相互遮挡的部分，如图 2-2-13 所示。

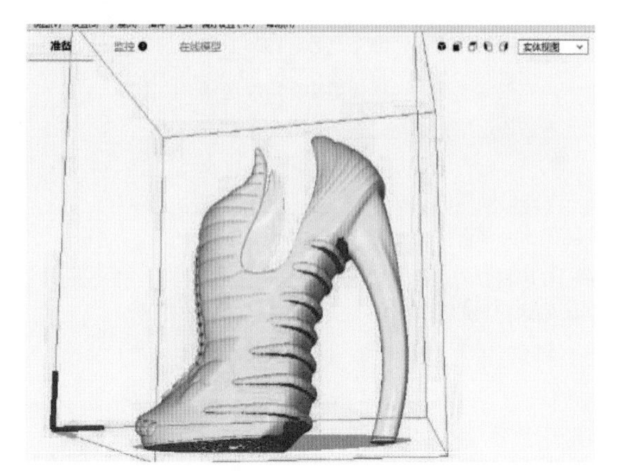

图 2-2-12 实体视图

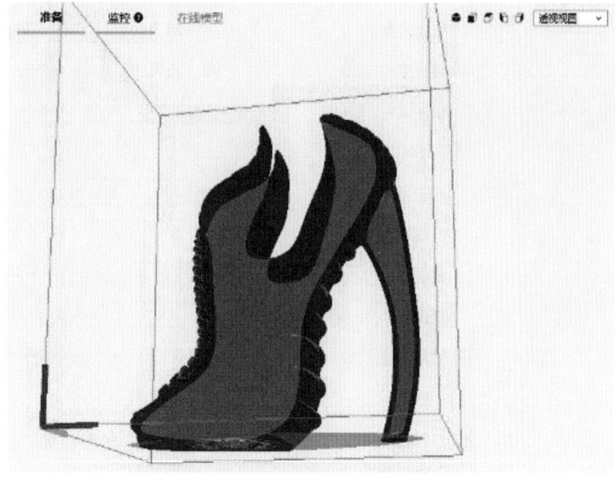

图 2-2-13 透视视图

6. 保存代码文件

U 盘插入计算机 USB 接口后，“保存到文件”按钮会变为“保存至可移动磁盘”，如图 2-2-14 所示，单击后会根据机型按相应的格式直接存入 U 盘中。

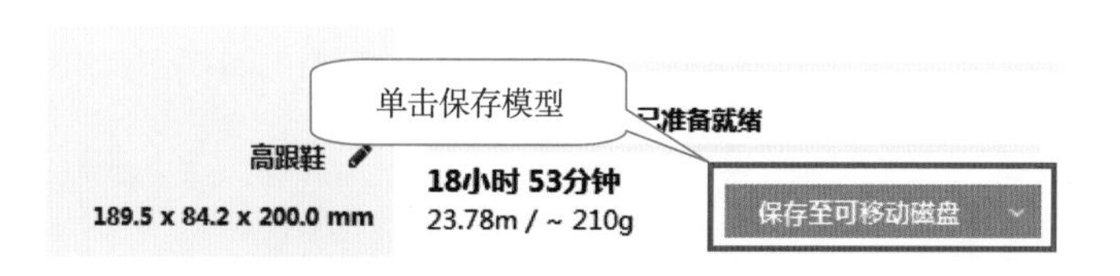

图 2-2-14 Winware 保存 gcode 文件

二、自定义打印设置

在自定义打印设置中，有更丰富的参数设置，熟练运用这些参数设置，能提高模型打印质量。具体参数的含义以及高跟鞋的自定义参数设置如图 2-2-15 所示。

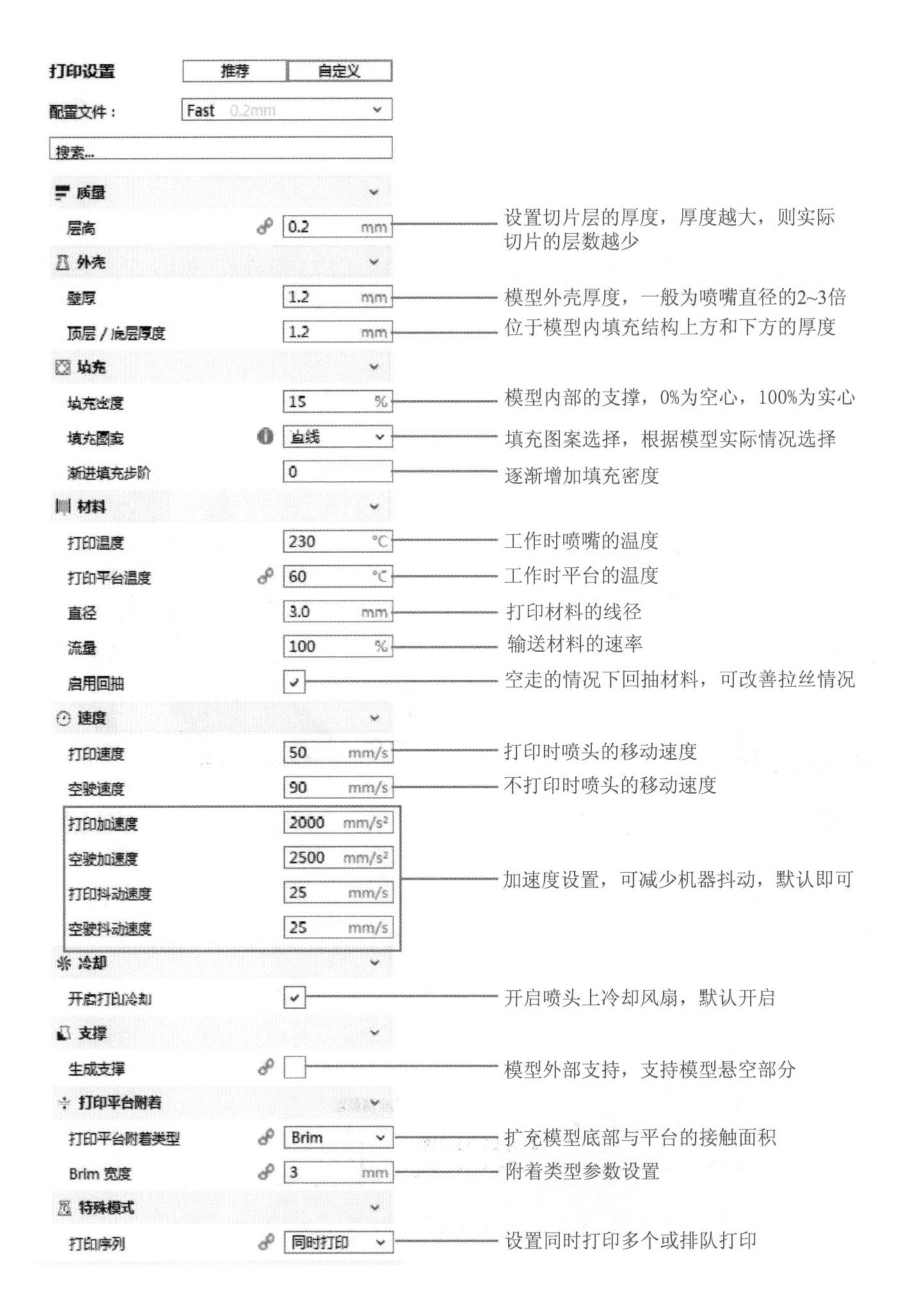

图 2-2-15 高跟鞋模型的自定义打印设置和参数含义

以小组为单位，选择以下一款鞋子模型，如图 2-2-16 所示。参照高跟鞋切片，自主完成打印前切片，在分层视图下检查判断参数合理性，导出打印文件。

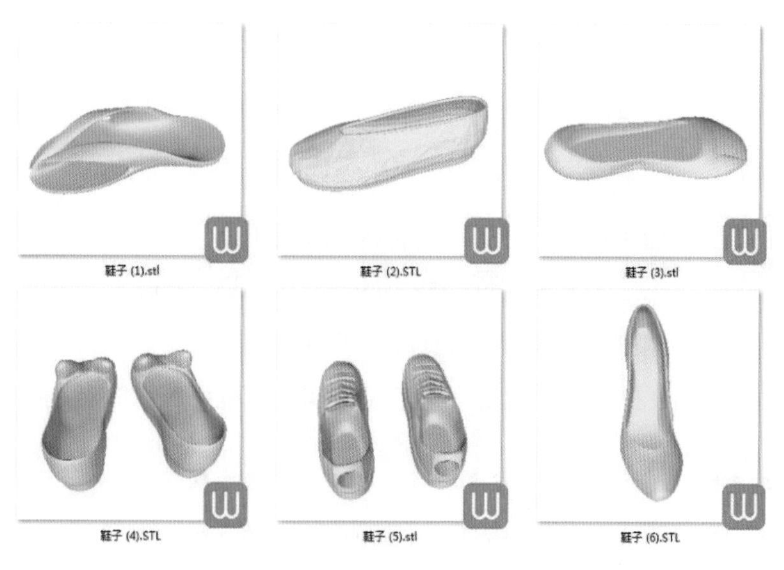

图 2-2-16　鞋子项目选题

成果交流

请同学们进行分组，根据“高跟鞋数字模型切片”项目学习探究活动一览表以及本节所呈现的内容，结合本组所选题目，经过集体讨论，填写“鞋子数字模型切片”项目研究报告书，见表 2-2-2 所示。

表 2-2-2 “鞋子数字模型切片”项目研究报告书

项目名称	
项目组成员	
所用 3D 打印机规格参数	
Winware 界面组成	
主要参数含义	
鞋子切片参数设置	
分层视图下鞋子缩略图	
项目完成过程中遇到的难题	
克服困难的具体措施	
用一句话概括项目学习感想	

完成项目研究报告书后，项目团队成员分工协作，把报告书与大家分享交流，进一步完善项目研究报告书。

◆ 本书中所用的切片软件一般有哪几种视图模式?

◆ 3D 打印的“堆积”图案层在打印成形的作品中可以看到比较清晰的“层”。那么，3D 打印机如何控制模型的打印层数、打印时间和打印路径?

◆ 不同型号的 3D 打印机配套的切片软件的操作流程和方法有区别吗?

请同学们根据表 2-2-3，对项目学习效果进行评价。

表 2-2-3 活动评价表

评价内容	个人评价	小组评价	教师评价
3D 打印切片软件使用	□优 □良 □一般	□优 □良 □一般	□优 □良 □一般
理解切片参数含义	□优 □良 □一般	□优 □良 □一般	□优 □良 □一般
懂得每个参数设置对 3D 模型实际打印的影响	□优 □良 □一般	□优 □良 □一般	□优 □良 □一般

学习视频

FDM 3D 打印切片软件使用

FDM 打印基本流程

项目三　使用 FDM 3D 打印机

情景导入

某款运动鞋的鞋面是通过熔融沉积成形（FDM），此项工艺就是将 TPU 纤维从线圈上松开，并且融化，进而层层编织、固化的过程，如图 2-3-1 所示。

图 2-3-1　利用 FDM 3D 打印机打印运动鞋的面料

项目主题

以“高跟鞋打印及后期处理”为主题，通过网络搜索、视频观看、分组探讨，对 FDM 3D 打印机的操作过程进行分析，掌握 FDM 3D 打印机使用、故障排除、日常维护等操作；以高跟鞋后期处理过程进行分析，掌握常见的后期处理方法。

项目目标

◆ 加深对 FDM 3D 打印机的认识。

◆ 掌握 FDM 3D 打印机使用、故障排除、日常维护、产品后期处理等操作。

项目探究

请同学们根据项目内容要求，通过调查和案例分析，文献阅读或网上搜索资料，开展“高跟鞋打印及后期处理”项目学习探究活动，如表 2-3-1 所示。

表 2-3-1 “高跟鞋打印及后期处理”项目学习探究活动一览表

探究活动	学习内容	知识技能
高跟鞋打印及后期处理	分析使用 FDM 3D 打印机打印模型的操作步骤	掌握使用 FDM 3D 打印机打印模型的操作步骤
	分析模型打印过程中可能遇到的问题	掌握 FDM 3D 打印机常见问题处理方法
	分析 FDM 3D 打印机日常维护操作	掌握 FDM 3D 打印机日常维护操作，保持 3D 打印机性能
	分析 3D 打印产品的后期处理方法	掌握 3D 打印产品后期处理方法

问　题

请同学分组交流，就高跟鞋打印流程进行讨论

- ◆ 在打印前 3D 打印机需要怎样设置?
- ◆ 需要注意哪些事项?
- ◆ 在打印过程中会出现什么样的问题?

项目实施

一、3D 打印机操作步骤

现在，准备好 3D 打印机、3D 打印材料以及要打印的模型文件，动手打印自己的 3D 模型。下面介绍打印高跟鞋的过程。

1. 了解 3D 打印机操作界面

按下 3D 打印机的启动开关，启动 3D 打印机，显示屏进入主界面，如图 2-3-2 所示。

2. 调整平台

调整打印平台是 3D 打印机第一次使用、长期未使用或者设备被搬动后进行打印操作的第一步。此操作关系到打印时第一层熔融的打印材料是否能完美地粘附在打印平台上，随后一层一层堆叠上去，最终形成一个 3D 打印产品。

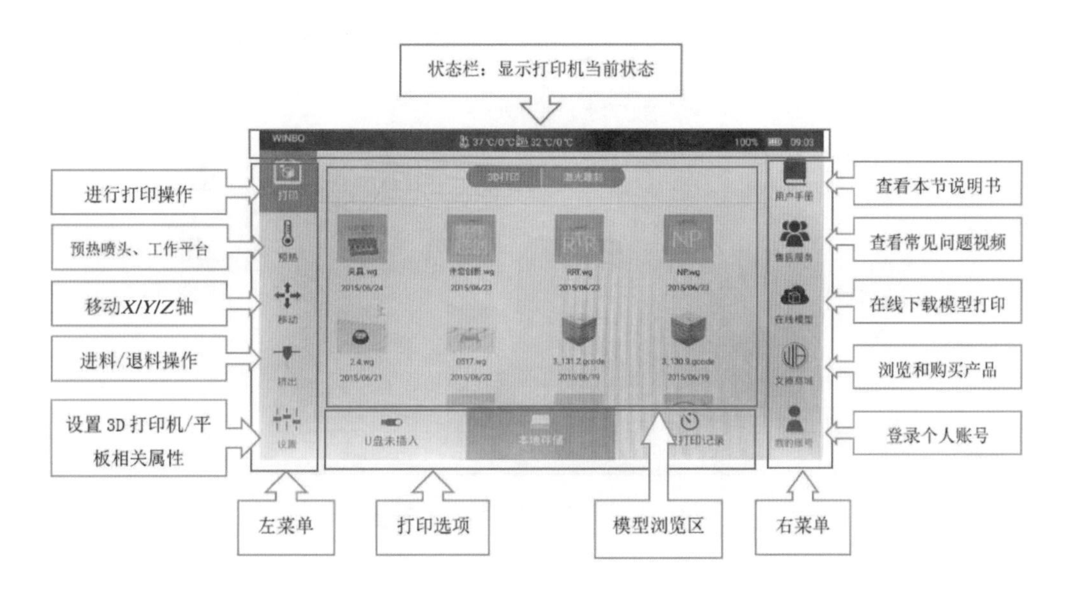

图 2-3-2 3D 打印机显示屏主界面

通过平台底部 4 个旋钮调整平台与喷嘴的距离，如图 2-3-3 所示。顺时针旋转，降低平台，喷头与玻璃板距离增大；逆时针旋转，升高平台，喷头与玻璃板距离缩小。

图 2-3-3 通过平台底部旋钮调整工作平台

FDM 3D 打印机工作平台具体操作如下：

（1）原点调节

在主界面中选择“移动”选项，选择“Z 轴回原点”。当 3D 打印机平台下降到最低，选择“50”→“Z-”，使平台升到最高点。显示屏操作顺序如图 2-3-4 所示。

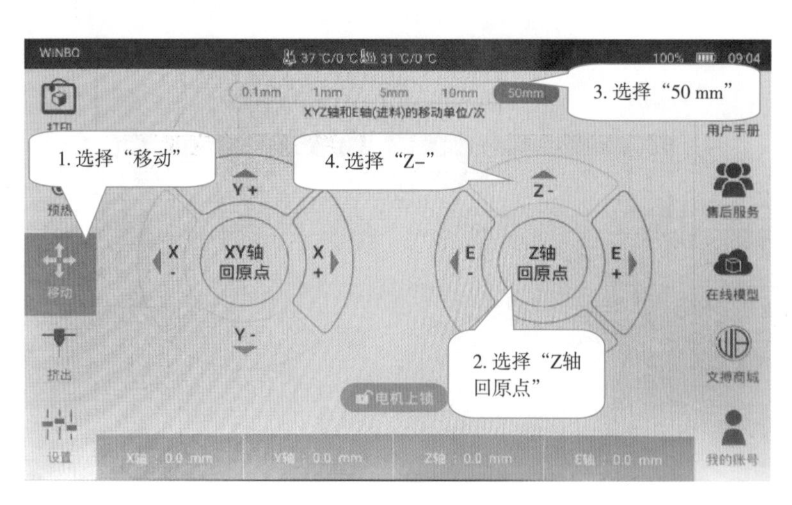

图 2–3–4　平台回原点后升高

（2）移动喷头

手动移动喷头到如图 2–3–5 所示的 4 个调节点，分别为平台左下方、右下方、右上方和左上方。依次按照步骤 3 调整。

图 2–3–5　4 个平台调节点

（3）调整平台

在平台玻璃板与喷嘴之间放置一张对折的 A4 纸，用手移动纸张。如果轻松地移动纸张，说明平台玻璃板与喷嘴距离过大，需要升高平台；如果纸张难以移动，说明平台玻璃板与喷嘴距离过小，需要降低平台；如果纸张能够移动，且感受到轻微阻力，说明该调整点平台与喷嘴距离合适，喷头移动到下一个调节点。调整平台如图 2–3–6 所示。

图 2–3–6 通过平台下方旋钮调节平台与喷嘴距离

3. 进料设置

2D 平面打印机需要油墨才能打印，3D 打印机也需要安装材料才能打印。

（1）降低打印平台

平台调整完毕后，此时喷嘴与玻璃板距离非常小，不适合挤料操作。因此安装材料前要降低打印平台。显示屏选择“移动”→“50 mm”→“Z+”，如图 2–3–7 所示，此时平台下降 50 mm。

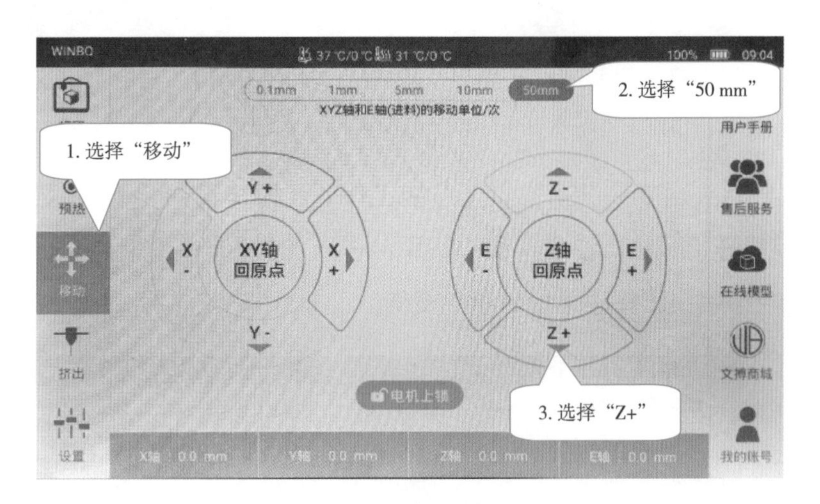

图 2–3–7 降低平台 50mm

（2）安装材料

将材料线盘安装在 3D 打印机背部的挂料件上，注意送料线盘转动方向，应为顺时针转动，如图 2–3–8 所示。

用剪钳将线材头部剪成斜面，如图 2–3–9 所示。然后将材料穿过材料传感器，最后推入送料器内，如图 2–3–10 所示。

图 2-3-8　安装材料线盘

图 2-3-9　用剪钳将材料头部剪成斜口

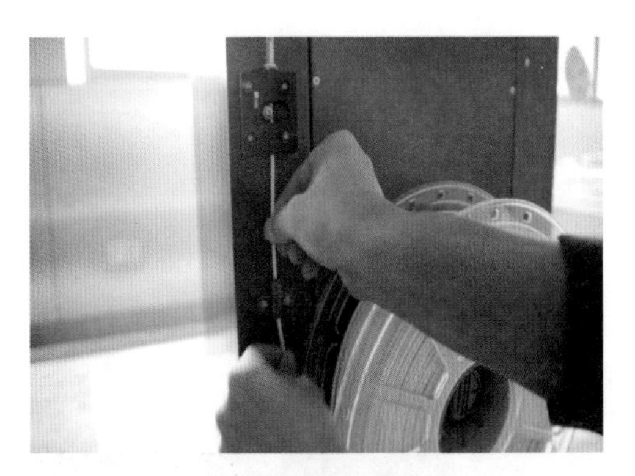

图 2-3-10　材料推进送礼器

（3）预热喷头

送料器需要喷头温度在 200℃以上才能工作，所以送料器要预热喷头。显示屏选择 “预热”→“开始预热”，喷头和打印平台进入加热状态，如图 2-3-11 所示。预热过程中请勿触碰喷头和打印平台，避免烫伤。

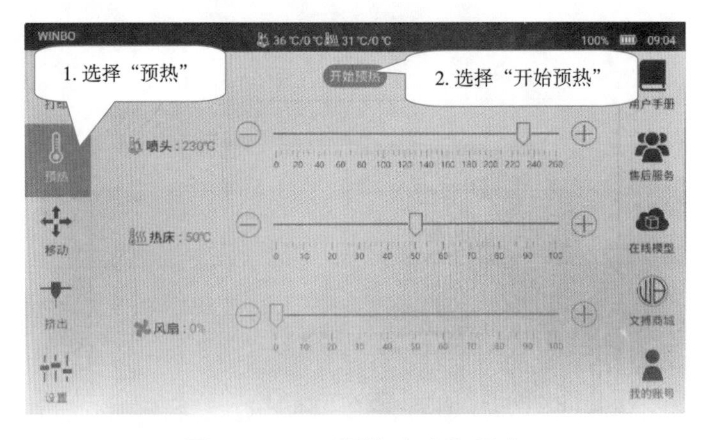

图 2-3-11　预热喷头和平台

（4）送料设置

观察显示屏顶部的喷头温度，到 230℃后，显示屏选择“挤出”→“50 mm”→“快速进料 +”，使材料快速送进喷头；当材料完全进入喷头后，改为“慢速进料 +”，如图 2-3-12 所示。直到喷嘴均匀出料，如图 2-3-13 所示。

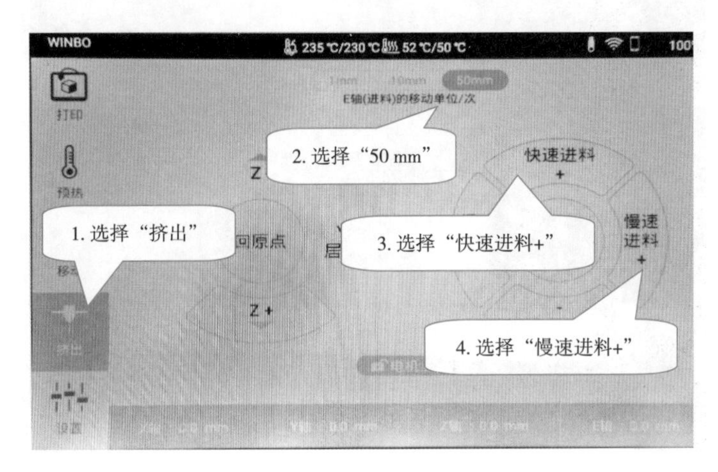

图 2-3-12　进料操作

图 2-3-13　喷嘴均匀出料

4. 模型加固

为了增加模型底部的黏附性，在平台玻璃板上均匀涂上固体胶，如图 2-3-14 所示。

5. 作品打印

将切片好的高跟鞋文件存放到 U 盘，插入到 3D 打印机，显示屏选择“打印”→“U

盘已插入”→“高跟鞋 .wg”， 在弹出的窗口中单击“打印”，3D 打印机自动开始打印高跟鞋，如图 2-3-15 所示。

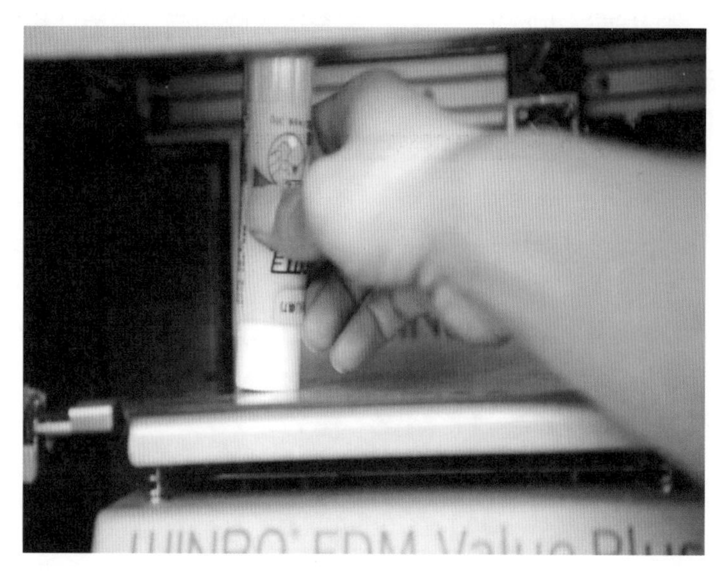

图 2-3-14　在平台打印区域涂固体胶

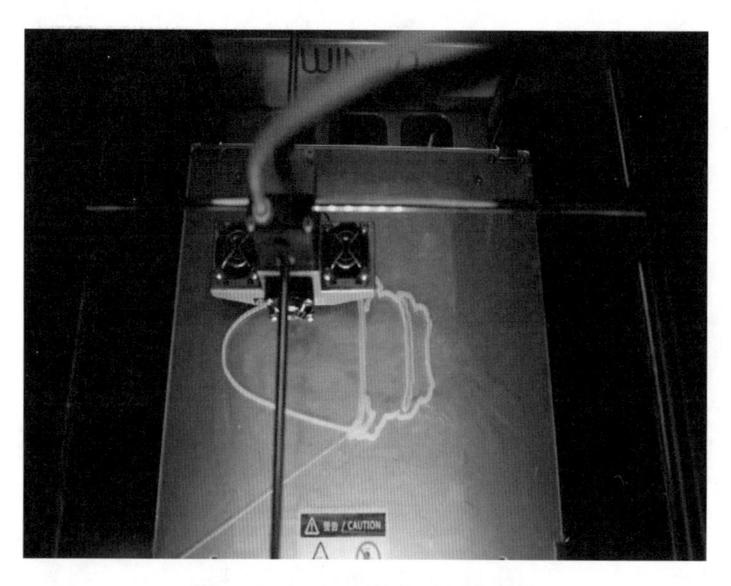

图 2-3-15　开始打印高跟鞋

6．拆卸模型

3D 打印机打印完毕后，等待平台自然冷却，松开平台上两个玻璃板卡扣，取出玻璃板，如图 2-3-16 所示。使用小铲刀沿高跟鞋底部边缘慢慢翘起，如图 2-3-17 所示。操作过程中注意安全，避免碰伤。

图 2-3-16　取出玻璃板

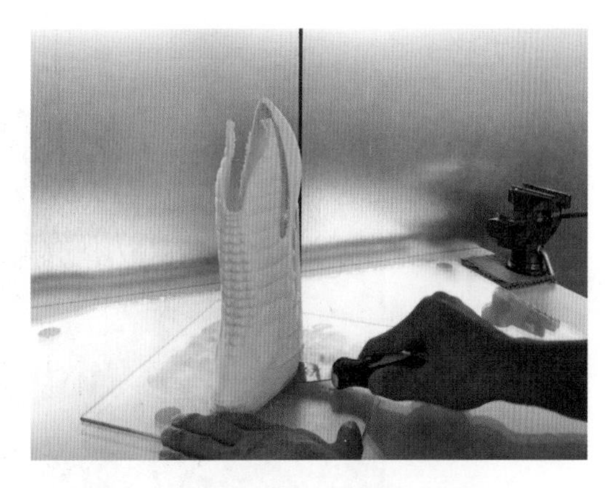

图 2-3-17　拆卸高跟鞋模型

二、3D 打印机故障处理

如果 3D 打印机在打印前没有配置好，或者在切片中参数设置不恰当都会引起打印操作故障。在所选的项目模型打印过程中，需要观察在打印过程中可能出现的问题，收集并记录下来，探讨如何解决。

三、3D 打印机日常维护

为了让 3D 打印机保持最佳状态，打印出优质模型，维护至关重要。

1. 保持机身洁净

每次打印后机身或多或少会有材料碎屑，这些碎屑需要及时清理。因为材料碎屑可能会黏附到丝杆或者光轴上，影响打印效果。建议使用毛刷清理。定期用湿毛巾清理机器表面灰尘，然后用干毛巾擦干。

2. 玻璃板的清洁

3D 打印机长久使用后，玻璃板上可能会残留大量的固体胶，影响打印质量。因此，定期清洗一次玻璃板。用温水浸泡玻璃板 5~10 min，然后用水冲洗干净玻璃板。

3. 送料器的清洁

3D 打印机长久使用后，送料器内部会残留材料碎屑，影响送料质量。清洁送料器很简单，用气吹球对着送料器吹出碎屑或者用吸尘器吸出，即可完成清理，如图 2-3-18 所示。

4. 疏通打印喷嘴

3D 打印机经过多次打印，少量的材料碳化留在喷嘴内部，导致喷嘴出现出丝不顺甚至堵塞情况，需要定期疏通喷嘴。将喷头预热到 200℃以上，用小于喷嘴孔径的银针或铁丝插入喷嘴，来回抽动 3~4 次，挤料，观察出丝情况，如图 2-3-19 所示。如果还是出丝不顺，重复此步骤。

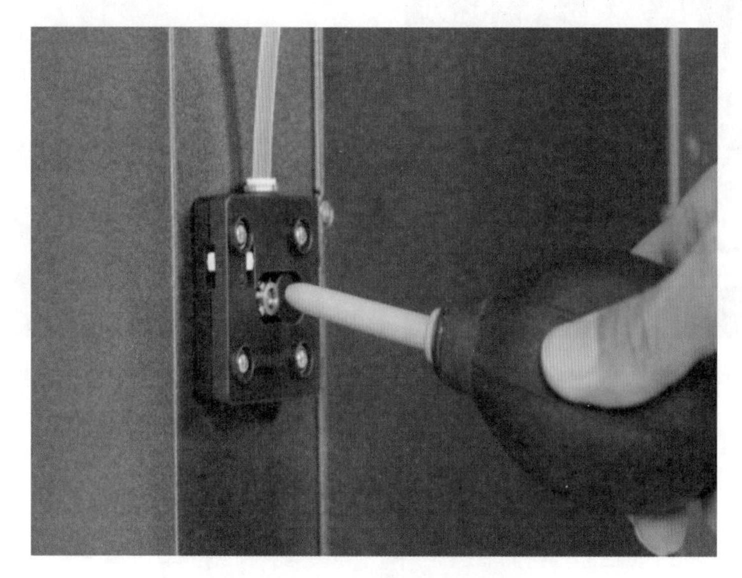

图 2-3-18　清理送料器

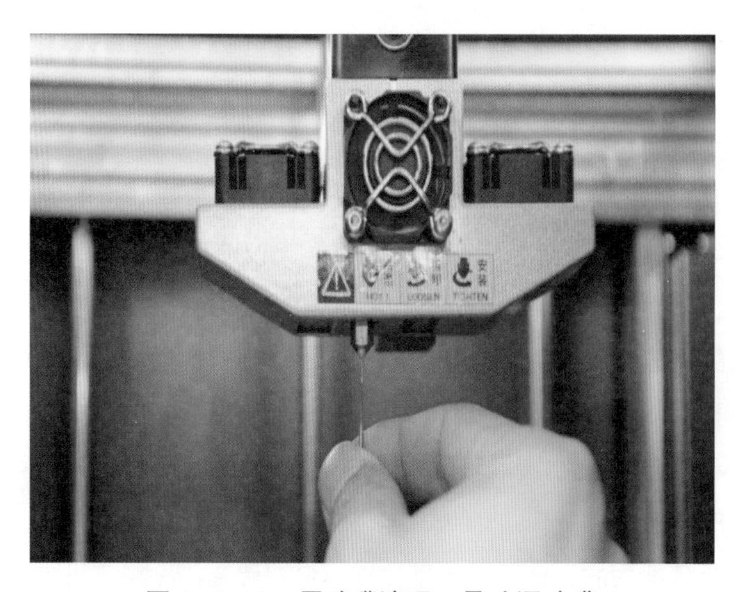

图 2-3-19　用喷嘴清理工具疏通喷嘴

5. 润滑光轴丝杆

保持 3D 打印机的光轴运动顺畅，是打印出优质模型的重要因素之一，所以需要定期润滑光轴和丝杆。

（1）清洁光轴 / 丝杆

用干净的无纺布，定期清理光轴和丝杆上的油污、脏物，如图 2-3-20 所示。

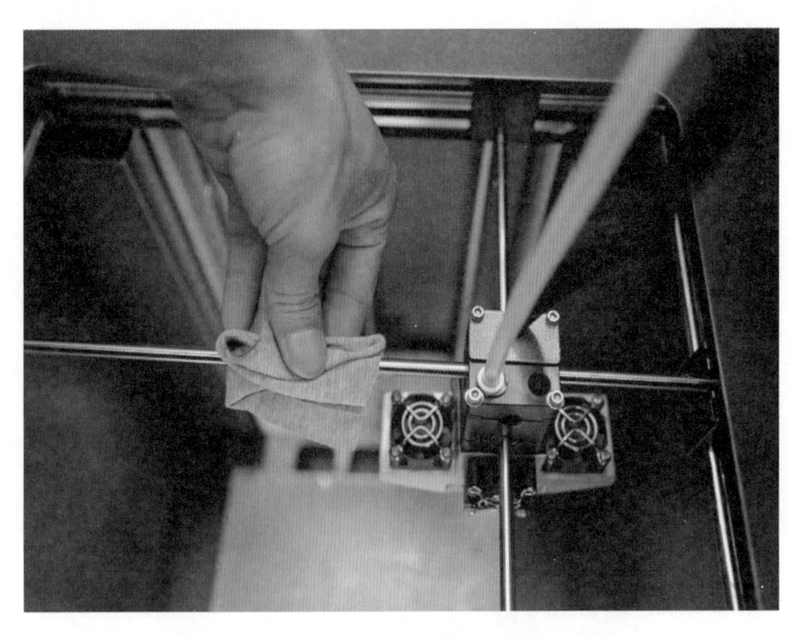

图 2-3-20　用无纺布清理光轴和丝杆

（2）润滑光轴和丝杆

将润滑油脂均匀涂抹到光轴和丝杆表面，来回滑动喷头或平台，让润滑油脂均匀分布在光轴和丝杆表面，如图 2-3-21 所示。

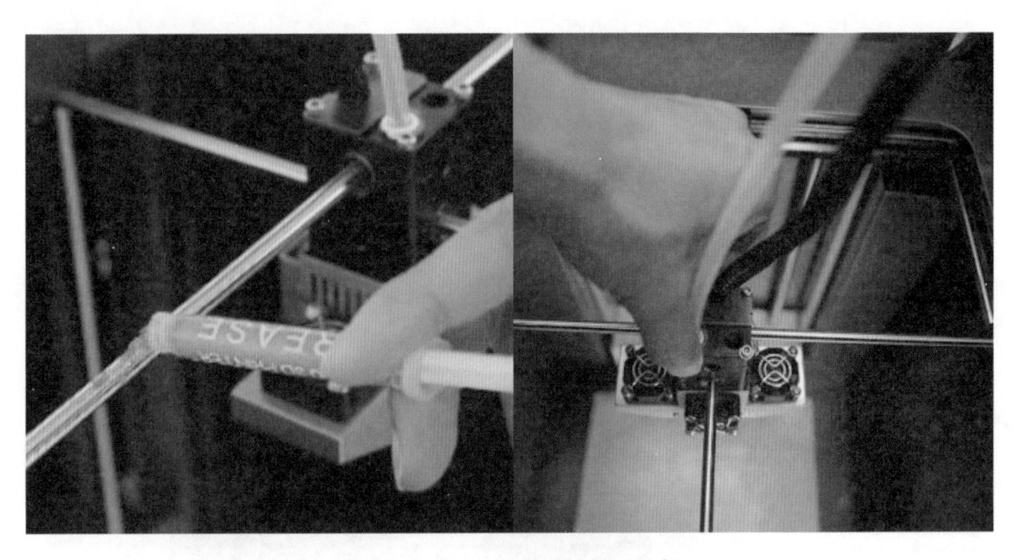

图 2-3-21　润滑光轴和丝杆

6. 妥善保存材料

3D 打印材料长时间不使用时，为防止氧化，需要将材料从 3D 打印机退出，放入密封胶袋中，如图 2-3-22 所示，且放置于阴凉干燥处保存。

图 2-3-22　将材料放入密封胶袋中

四、3D 打印品后期处理

1. 支撑拆除

对于大多数模型来说，支撑必不可少，但去除后会在模型表面留下痕迹。解决这一问题，一方面需要在切片时适当优化，尽量避免支撑生成；另一方面支撑去除需要一点技巧，即熟练使用合适的剪钳、镊子等工具。

对于大块支撑，轻轻掰下即可，如图 2-3-23 所示。对于细小的支撑，需要用到剪钳、雕刻刀细心处理。

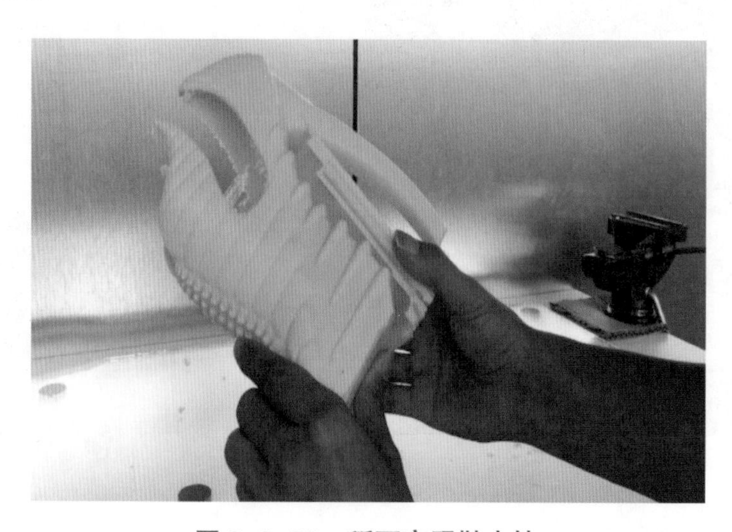

图 2-3-23　掰下高跟鞋支持

2. 取出拉丝

除了支撑，打印产品表面或多或少会有拉丝和小毛刺，只需要用雕刻刀细心铲掉即可，如图 2-3-24 所示。

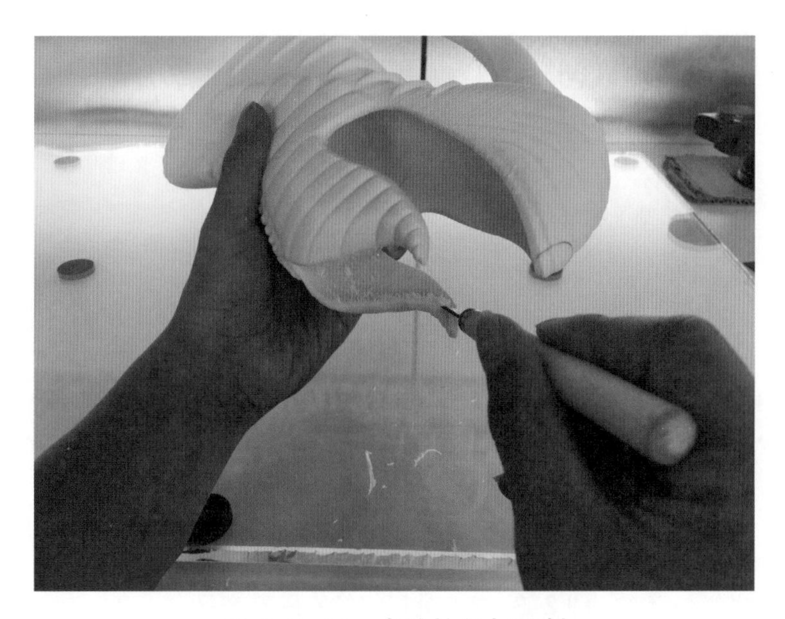

图 2-3-24　去除拉丝与毛刺

3. 砂纸打磨

取出支撑和拉丝（毛刺）后，需要对打印产品不平整的地方进行打磨，砂纸是最常用的打磨工具，如图 2-3-25 所示。使用砂纸打磨原则：首先进行粗打磨，再进行精细打磨。

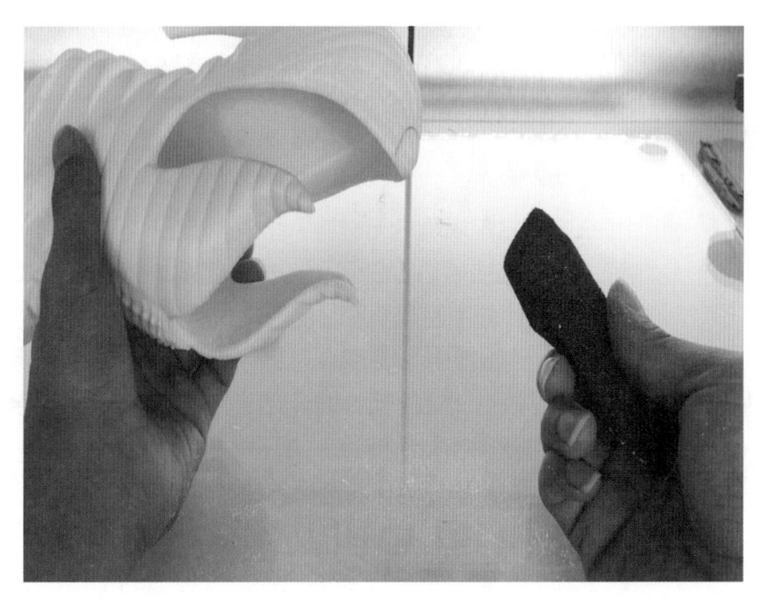

图 2-3-25　砂纸打磨

经过去支撑、去拉丝、打磨，美观的高跟鞋就打印处理完毕，如图 2-3-26 所示。

图 2-3-26　处理好的高跟鞋产品

实　践

请同学们参照下面提供的常见打印问题，小组分工协作，经过相互讨论、查找资料，完善表格中缺少的内容。3D 打印常见问题解决方案如表 2-3-2 所示。对于表格中没有提到的问题，同学们可以做相应补充。

表 2-3-2　3D 打印常见问题解决方案

常见问题	解决方案
在打印刚开始时没有材料挤出	1. 在打印之前喷嘴内无材料 解决方法是加裙边（Skirt），加几圈裙边就会在正式开始打印物件之前，在物件外围画几个圈，使喷嘴内有充足融化的材料。 2. 在开始打印时喷嘴离平台过近 没有足够的空间让融化的材料流出，尝试重新调整平台。 3. 材料被送料齿轮摩擦掉一块，失去抓力 退出材料，将损坏的材料剪掉，重新送入材料。 4. 喷头堵塞 疏通喷头工具：根据喷头的直径选择合适的工具，如钻头、针灸的银针、吉他弦等。

续上表

常见问题	解决方案
首层脱离平台问题	1. 平台不平 当出现第一层没有牢固地黏附在平台上时，第一件事情就是检查平台是否水平。如果不平就需要调平。 2. 第一层打印速度过快 一般在切片时，第一层的打印速度都会设置成 40% 或更低。 3. 温度或散热设置问题 ABS 热床温度为 100~120℃；PLA 热床温度为 50~70℃。 4. 打印平台黏附力不足 为了使模型更好地黏附在工作平台上，可根据模型的实际情况在工作平台上模型黏附的位置涂适量固体胶。 5. 其他情况 小物件没有足够的表面积使其能够很好地附着在打印平台上，最简单的方法是在切片时打开扩边（Brim 或 Raft）以增加其与打印平台的接触面积。
打印模型层偏移（偏位、丢步）	
喷嘴堵塞	
打印中途不出料	
材料挤出量偏少	
材料挤出量偏多	
模型出现拉丝现象	
打印模型过热，熔成一团	
模型出现断层现象	
模型表面出现麻点及条纹	
模型边缘与填充之间有缝隙	
模型薄壁缝隙	
模型顶层有缝隙	

请各小组同学，根据表 2-3-2 3D 打印常见问题解决方案提及的内容，针对本组上次打印出现的问题总结出解决方案，并再次打印。以小组为单位，参照高跟鞋打印和后期处理，完成本组所选鞋子的打印及后期处理。

成果交流

请同学们进行分组，根据“高跟鞋打印及后期处理”项目学习探究活动一览表以及本节所呈现的内容，经过集体讨论，填写“鞋子打印及后期处理”项目研究报告书，如表 2-3-3 所示。

表 2-3-3 “鞋子打印及后期处理”项目研究报告书

项目名称	
项目组成员	
FDM 3D 打印机打印前准备工作	
FDM 3D 打印机使用	
FDM 3D 打印机日常维护	
打印产品后期处理	
打印产品实物图	
项目完成过程中遇到的难题	
克服困难的具体措施	
用一句话概括项目学习感想	

完成项目研究报告书后，项目团队成员分工协作，把打印好的模型作品以实物、视频、项目研究报告、项目展示 PPT 等多形式呈现项目设计成果，并与大家分享交流，进一步完善项目研究报告书。

思　考

◆ 如何避免打印过程中出现喷嘴堵塞、熔成一团、模型出现断层现象?

◆ 为什么打印产品前一定特别注意打印配置参数? 配置参数时要考虑哪些因素?

◆ 请同学们结合 3D 打印机结构、工作原理、切片软件的学习内容。思考 3D 打印出来的产品为什么需要作后期处理?

活动评价

请同学们根据表 2–3–4，对项目学习效果进行评价。

表 2–3–4　活动评价表

评价内容	个人评价	小组评价	教师评价
掌握 FDM 3D 打印机打印模型的操作步骤	□优 □良 □一般	□优 □良 □一般	□优 □良 □一般
掌握 FDM 3D 打印机常见问题处理方法	□优 □良 □一般	□优 □良 □一般	□优 □良 □一般
掌握 FDM 3D 打印机日常维护操作	□优 □良 □一般	□优 □良 □一般	□优 □良 □一般
掌握 3D 打印产品后期处理方法	□优 □良 □一般	□优 □良 □一般	□优 □良 □一般

学习视频

FDM 3D 打印机操作

FDM 3D 打印产品后处理

项目四　认识 3D 激光雕刻技术

情景导入

在学校举办的创客嘉年华活动上，不少同学体验了“创客秀”，过了“创客瘾”：用激光雕刻机定制自己的名片夹、手机壳、相框、杯垫等，还有些观众亲手制作独一无二的卡包，如图 2-4-1 所示。

图 2-4-1　各式各样的激光雕刻产品

项目主题

以“木板上雕刻图案”为主题，通过网络搜索、视频观看、分组探讨，对雕刻机使用进行分析，初步了解激光雕刻基本概念和激光雕刻工作原理，掌握激光雕刻机的使用方法。

项目目标

- ◆ 初步了解激光雕刻基本概念和激光雕刻工作原理。
- ◆ 掌握激光雕刻机使用。

项目探究

根据项目内容要求，通过调查和案例分析，文献阅读或网上搜索资料，开展“木板上雕刻图案”项目学习探究活动，如表 2-4-1 所示。

表 2-4-1 “木板上雕刻图案”项目学习探究活动一览表

探究活动	学习内容	知识技能
木板上雕刻图案	分析激光雕刻工作原理、激光雕刻机软件、硬件的操作步骤	了解激光雕刻工作原理
		掌握激光雕刻机软件、硬件的操作步骤

请同学分组交流，讨论 3D 打印与激光雕刻有什么区别？表现在哪些方面？

一、激光雕刻功能简介

激光雕刻是以数控技术为基础，激光为加工媒介，使加工材料在激光照射下瞬间熔化和气化的物理变性，从而形成图片或文字。激光加工特点：与材料表面没有接触，不受机械运动影响，表面不会变形，一般无须固定。不受材料的弹性、柔韧性影响，方便对软质材料加工。加工精度高、速度快、应用领域广泛。

二、激光雕刻工作原理

根据 3D 打印机的结构，其工作原理为点阵雕刻。点阵雕刻酷似高清晰度的点阵打印。激光头左右摆动，每次雕刻出一条由点阵组成的直线，然后平台同时前后移动雕刻出多条直线，最后构成整版的图像或文字。

三、激光雕刻应用案例

以古装人物图片为例，介绍 FDM-3D 打印机的激光雕刻功能的具体操作。

1. 激光雕刻（打标）软件

激光雕刻软件的作用是将图片或文字，转换为激光雕刻机可识别的指令，激光雕刻机根据这些指令进行作业。激光雕刻软件界面如图 2-4-2 所示，工具栏如 2-4-3 所示。

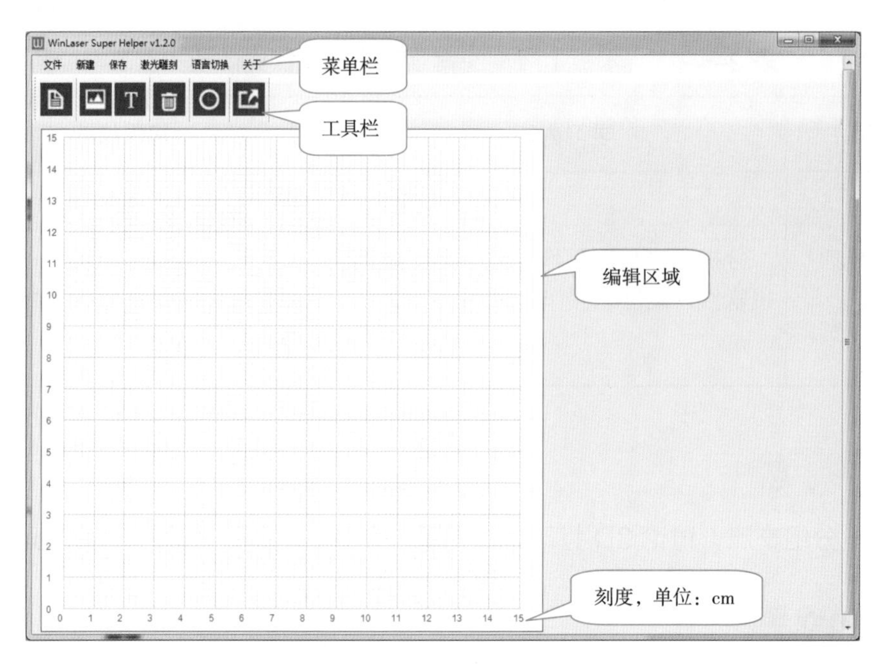

图 2-4-2 激光雕刻软件

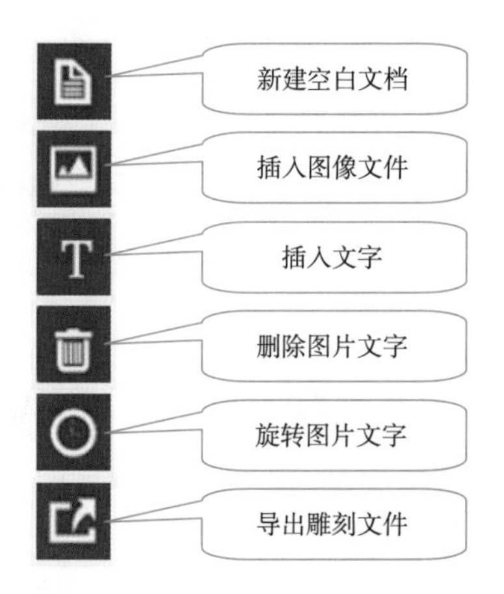

图 2-4-3 激光雕刻软件的工具栏

单击菜单栏中的“文件”或工具栏中的“插入图像文件”图标，选择古装人物图片并打开，如图 2-4-4 所示。

单击图片并按住鼠标不放，移动图片到编辑区域中心。拖动图片 4 个角，等比例缩放图片，调整图片高度为 10 cm，如图 2-4-5 所示。

由于雕刻的木板尺寸为 10 cm × 10 cm，所以需要将图片移动至如图 2-4-6 所示的红色框中心。

图 2-4-4 激光雕刻软件打开图片素材

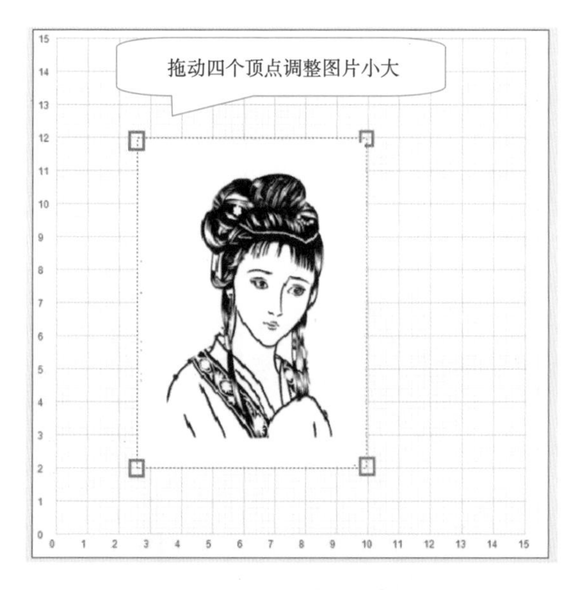

图 2-4-5 调整图片尺寸

图 2-4-6 调整图片位置

单击菜单栏中的“激光雕刻”或工具栏中的“导出雕刻文件”图标，弹出“导出文件”窗口，根据不同需求设置“细节效果调整”，范例设置为 100，如图 2-4-7 所示。

单击“导出文件”，在弹出的窗口中单击“保存文件”按钮，保存激光雕刻文件到 SD 卡内，如图 2-4-8 所示。

图 2-4-7　导出文件

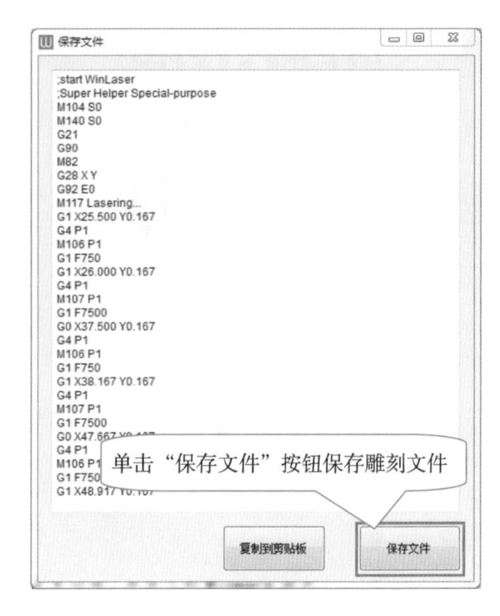

图 2-4-8　保存文件

2．激光雕刻（打标）操作

把 3D 打印机平台的打印底板换成带刻度的激光雕刻板，如图 2-4-9 所示。把保存有激光雕刻文件的 SD 卡插入 3D 打印机的 SD 卡槽里。

图 2-4-9　更换激光雕刻板

用卡尺测量雕刻木板的厚度，厚度为 2 mm，如图 2-4-10 所示。

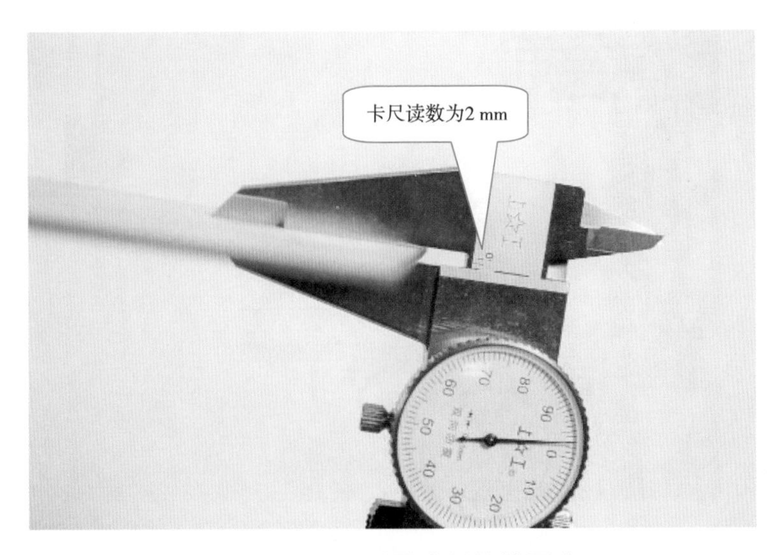

图 2-4-10 测量雕刻物体厚度

进入 3D 打印机主菜单，选择“回零”，使喷头回零，如 2-4-11 所示。返回主菜单选择“移动轴”，顺时针旋转旋钮将平台升高，使雕刻物体离喷嘴的距离为 50 mm，如雕刻物体高 2 mm，平台升高到 52 mm，如图 2-4-12 所示。

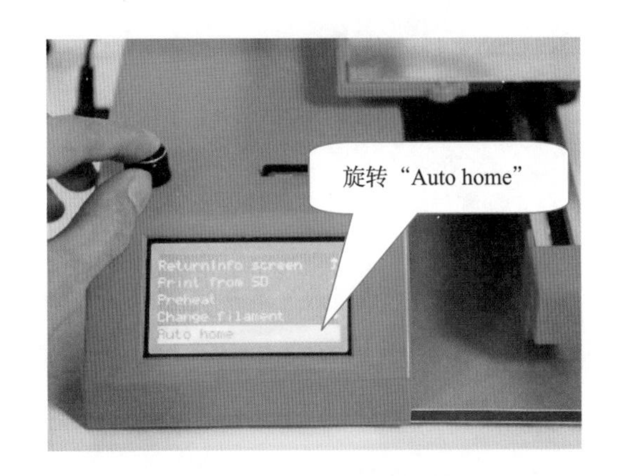

图 2-4-11 喷头回零

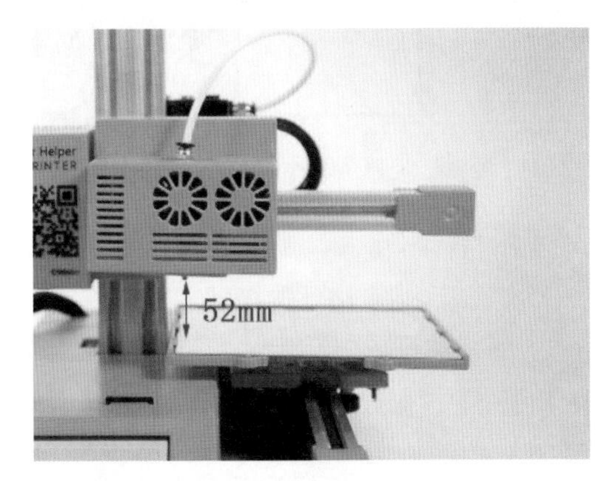

图 2-4-12 升高喷头 52 mm

在雕刻板上贴双面胶，然后将雕刻木板放置在平台上，木板左下角对应雕刻板刻度的原点，如图 2-4-13 所示。双面胶作用是固定雕刻木板，防止雕刻木板在雕刻时移动导致图像偏位。

进入 3D 打印机主菜单，选择“SD 卡打印”→“LINDAIYU.G”，如图 2-4-14 所示。激光雕刻开始，如图 2-4-15 所示。

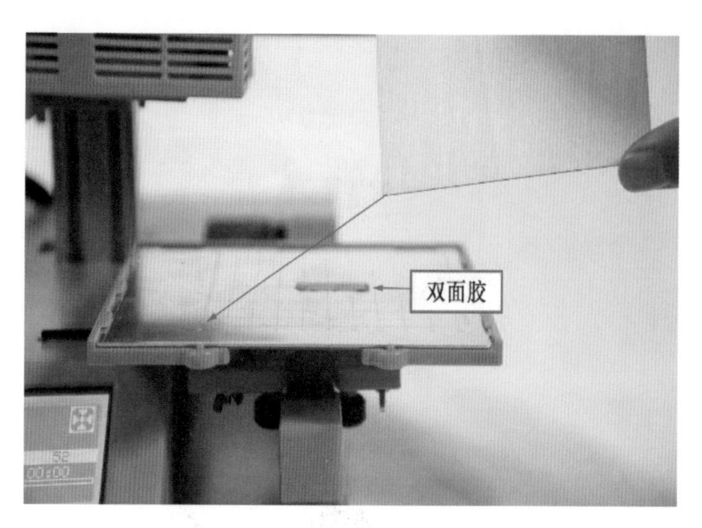

图 2-4-13　放置雕刻木板

图 2-4-14　选择雕刻文件

图 2-4-15　激光雕刻开始

从互联网搜索喜欢的卡通人物图像，导入到激光雕刻软件进行切片，通过 3D 打印机在 10 cm × 10 cm 的木板上雕刻图案。

成果交流

请同学们进行分组，根据“木板上雕刻图案”项目学习探究活动一览表以及本节所呈现的内容，经过集体讨论，填写“木板上雕刻图案”项目研究报告书，如表 2-4-2 所示。

表 2-4-2　“木板上雕刻图案”项目研究报告书

项目名称	
项目组成员	
激光雕刻概念	
激光雕刻机工作原理	
激光雕刻机使用流程	
雕刻产品实物图	
项目完成过程中遇到的难题	
克服困难的具体措施	
用一句话概括项目学习感想	

完成项目研究报告书后，项目团队成员分工协作，把雕刻好的作品以实物、视频、项目研究报告、项目展示 PPT 等多形式呈现项目设计成果，并与大家分享交流，进一步完善项目研究报告书。

思　考

◆ 利用 3D 打印机和激光雕刻机制作个性化相框。

◆ 从互联网上搜索自己喜欢的相框数字模型，格式为 STL。根据本章内容，完成模型的切片、打印、后期处理。选择自己一张照片，跟进本章内容，通过激光雕刻机，把图案雕刻在木板上。把雕刻好的木板嵌入到相框内，完成个性化相框制作。

请同学们根据表 2-4-3，对项目学习效果进行评价。

表 2-4-3　活动评价表

评价内容	个人评价	小组评价	教师评价
了解激光雕刻工作原理	□优 □良 □一般	□优 □良 □一般	□优 □良 □一般
掌握激光雕刻机软件、硬件的操作步骤	□优 □良 □一般	□优 □良 □一般	□优 □良 □一般

4D 打印技术

所谓的 4D 打印，比 3D 打印多了一个“D”，即时间维度，人们可以通过软件设定模型和时间，变形材料会在设定的时间内变形为所需的形状。准确地说 4D 打印是一种能够自动变形的材料，直接将设计内置到物料当中，不需要连接任何复杂的机电设备，就能按照产品设计自动折叠成相应的形状。4D 打印的关键是记忆合金。4D 打印是由 MIT 与 Stratasys 教育研发部门合作研发的，是一种无须打印机器就能让材料快速成形的革命性新技术，大小形状可以随时间变化，如图 2-4-16 所示。

图 2-4-16　4D 打印物体时间变化图

3D 打印技术打印出来的产品是一个在三维空间里有着固定形态的物品，4D 打印创造的产品则能根据预先设定的模型程序，在时间维度中发生变化。3D 打印的出现和 4D 打印的未来发展，将给制造业带来新的机遇与挑战。

学习视频

激光雕刻软件演示

激光雕刻设备操作演示

第三章　LCD 3D 打印机应用

在第二章中学习了 FDM 3D 打印机的使用。知道 3D 打印前首先获取 3D 数字模型并转换为 3D 打印通用的 STL 文件；其次将 STL 文件导入 3D 打印切片软件中生成 3D 打印机可识别的 Gcode 文件；然后 3D 打印机读取 Gcode 进行实物打印；最后打印实物经过后期处理，得到最终产品。

本章以“LCD（选择性区域透光）3D 打印机”为例，基于 STEAM 教育理念，开展自主学习、协作学习和探究式项目学习，了解 LCD 3D 打印机的结构与基本实现原理；知道获取 3D 打印模型数据的方式；使用 Winware（LCD）切片软件，对 3D 模型文件进行分层切片；掌握 LCD 3D 打印机操作及其日常维护方法；熟悉 3D 打印产品后期处理方法。从而，将知识建构、技能培养与思维发展融入运用数字化工具解决问题和完成任务的过程中，促进学科核心素养的养成，完成项目学习目标。

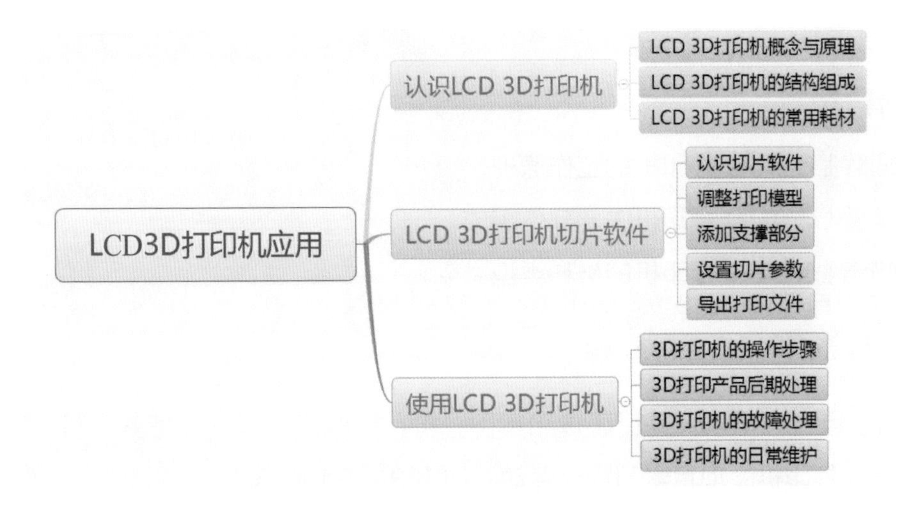

项目一　认识 LCD 3D 打印机

情景导入

近日，一位法国数字艺术家将“3D 打印技术的定格动画应用”发挥到了极致，他发布了自己耗时 2 年才完成的定格动画短片—《Chase Me》，而其中的所有人物背景竟然都是采用 3D 打印技术制作的，如图 3-1-1 所示。

图 3-1-1　使用 3D 打印制作的短片《Chase me》

项目主题

以“LCD 3D 打印机”为主题，通过网络搜索、视频观看、分组探讨，对 LCD 3D 打印机的结构组成进行分析，知道 LCD 3D 打印机工作原理和常见打印材料。

项目目标

- 理解 LCD 3D 打印机的工作原理。
- 掌握 LCD 3D 打印机主要部件组成。
- 知道 LCD 3D 打印机的材料类型。

项目探究

根据项目内容要求，通过调查和案例分析，文献阅读或网上搜索资料，开展“认识 LCD 3D 打印机”项目学习探究活动，如表 3-1-1 所示。

表 3-1-1　“认识 LCD 3D 打印机”项目学习探究活动一览表

探究活动	学习内容	知识技能
认识 LCD 3D 打印机	分析 LCD 3D 打印机的概念及工作原理	理解 LCD 3D 打印机的工作原理
	分析 LCD 3D 打印机主要部件组成	知道 LCD 3D 打印机主要部件组成
	分析 LCD 3D 打印机打印材料分类及区别	认识 LCD 3D 打印机的常见打印材料

问　　题

◆ LCD 3D 打印技术原理是什么?

◆ LCD 成形原理与 FDM 成形原理有什么区别?

◆ 光敏树脂材料有哪些种类?

一、LCD 3D 打印机概念与原理

1. LCD 3D 打印机概念

液晶屏选择性透光（Liquid Crystal Display，LCD）又称选择性透光。光固化技术除了 SLA 激光扫描和 DLP 数字投影，目前形成了一种利用 LCD 作为光源的技术。对 LCD 打印技术的简单理解是，LCD 液晶屏将需要固化的区域显示为透明，紫外光穿透 LCD 液晶屏，将液晶屏上方的光敏树脂固化。每固化一次后平台提升，再固化下一层，如此逐层堆积形成最终的成品，如图 3-1-2 所示。

图 3-1-2　工作中的 LCD 3D 打印机

2. LCD 3D 打印机工作原理

LCD 3D 打印机的光源透过聚光镜，使光源分布均匀。菲涅尔透镜使光线垂直照射到液晶屏。液晶屏两面分别是偏振膜，偏振膜是液晶显示的成像基础。任何液晶屏

自身都有偏振膜。液晶屏的成像显示就是透明显示的，图像会透过液晶屏照射在光固化树脂上，工作原理如图 3–1–3 所示。

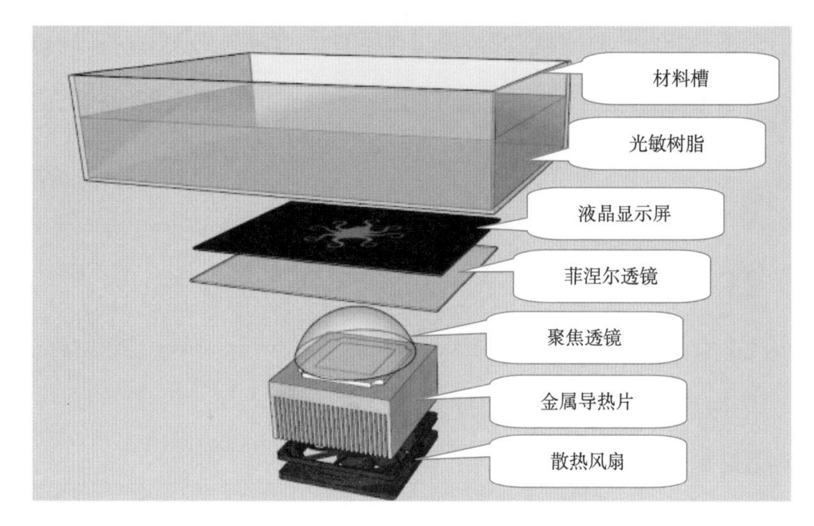

图 3–1–3　LCD 技术工作原理

二、LCD 3D 打印机的结构组成

LCD 3D 打印机成形比 FDM 3D 打印机成形快，并且更加精细。FDM 3D 打印机是逐行打印成形，而 LCD 3D 打印机是通过光照射到材料槽，形成一个固化面并逐层堆积成形。因此 LCD 3D 打印机的零部件结构有所不同，如图 3–1–4 所示。

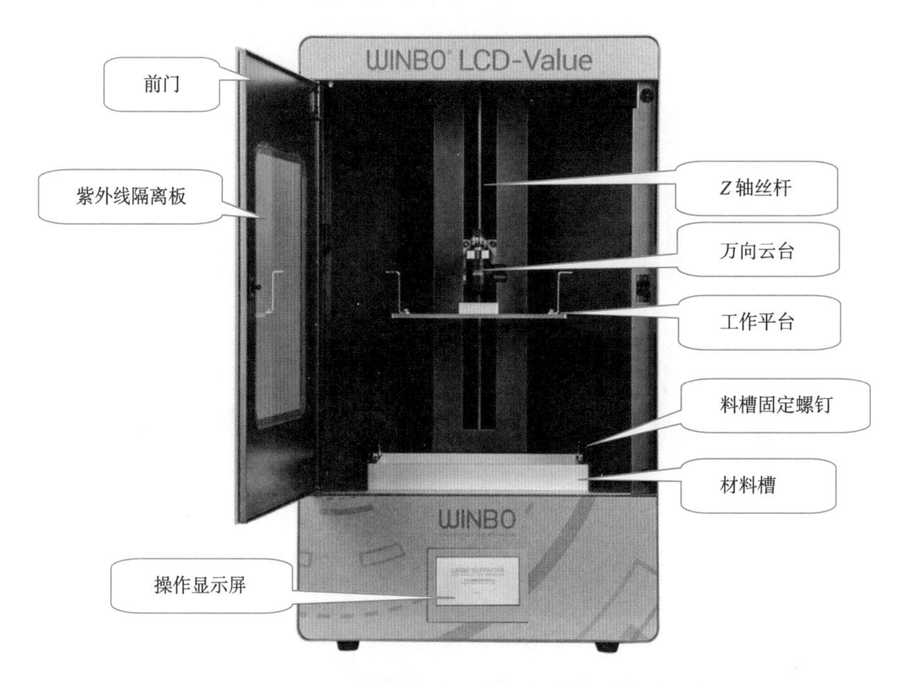

图 3–1–4　LCD 3D 打印机主要零部件组成

三、LCD 3D 打印机的常用耗材

LCD 打印材料是光敏树脂，又称 UV 树脂，由聚合物单体与预聚体组成，其中加有光（紫外线）引发剂又称光敏剂，在一定波长的紫外光照射下立刻引起聚合反应，完成固化。光敏树脂一般为液态，用于制作高强度、耐高温、防水等的材料。下面介绍 5 种常见的光敏树脂材料。

1. 普通树脂

具有固化速度快、成形精度高、表面效果好、低气味、低收缩、耐储存等特点，如图 3-1-5 所示。

图 3-1-5　普通光敏树脂

2. 高硬度树脂

极高的成品硬度，热变形性较好，适合功能性产品外壳打印，齿科压模等用途，如图 3-1-6 所示。

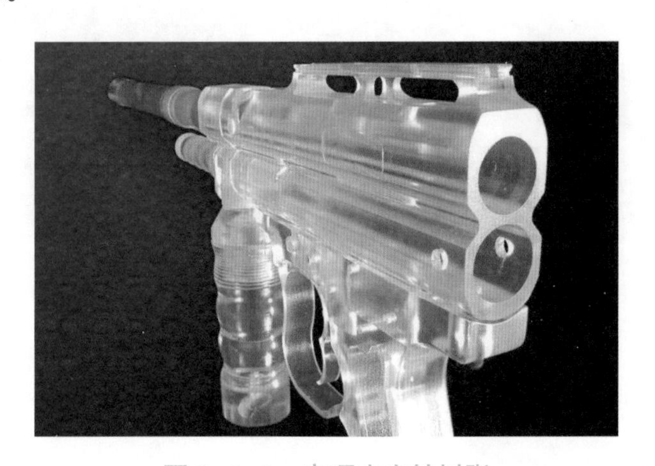

图 3-1-6　高硬度光敏树脂

3. 高韧性树脂

硬度和韧性的完美结合，耐候性、耐黄变性佳，适合打印产品结构件、受力件，如图 3-1-7 所示。

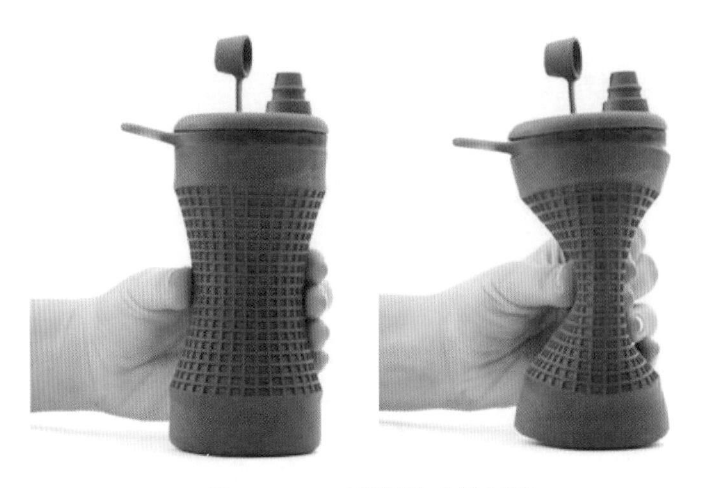

图 3-1-7　高韧性光敏树脂

4. 高柔性树脂

较好的产品柔性，可打印镂空、薄壁等稍复杂结构，是医疗、鞋底及其他柔性产品原型的首选，如图 3-1-8 所示。

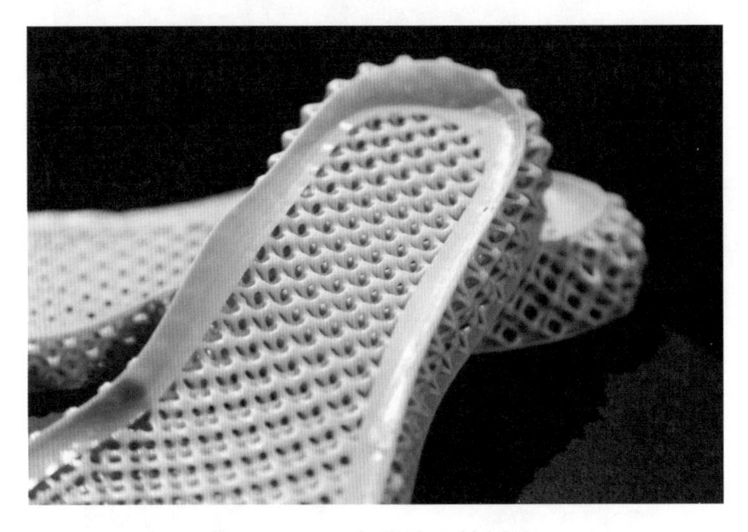

图 3-1-8　高柔性光敏树脂

5. 高弹性树脂

极佳的弹性和延伸率，适合打印接近实心的模型，密封件、缓冲件、简单鞋底结构，如图 3-1-9 所示。

图 3-1-9　高弹性光敏树脂

实　践

请同学们进行分组，根据“认识 LCD 3D 打印机”项目学习探究活动一览表以及本项目所呈现的内容，经过集体讨论，填写“认识 LCD 3D 打印机”项目研究报告书，如表 3-1-2 所示。

表 3-1-2　“认识 LCD 3D 打印机”项目研究报告书

项目名称	
项目组成员	
LCD 3D 打印机工作原理	
LCD 3D 打印机主要部件组成	
主要打印材料	
项目完成过程中遇到的难题	
克服困难的具体措施	
用一句话概括项目学习感想	

成果交流

完成项目研究报告书后，项目团队成员分工协作，把报告书以投影的形式呈现，并与大家分享交流，进一步完善项目研究报告书。

思 考

◆ 什么是树脂？使用光敏树脂打印产品有哪些优势？生活中哪些产品适合用光敏树脂打印？

◆ 用 LCD 3D 打印机打印产品过程中一般会遇到哪些问题？如何解决这些问题？

活动评价

请同学们根据表 3-1-3，对项目学习效果进行评价。

表 3-1-3 活动评价表

评价内容	个人评价	小组评价	教师评价
理解 LCD 3D 打印机概念及工作原理	□优 □良 □一般	□优 □良 □一般	□优 □良 □一般
了解 LCD 3D 打印机主要部件组成	□优 □良 □一般	□优 □良 □一般	□优 □良 □一般
了解 LCD 3D 打印机的主要材料及其区别	□优 □良 □一般	□优 □良 □一般	□优 □良 □一般

学习视频

LCD 3D 打印概述

项目二　LCD 3D 打印机切片软件

情景导入

桌面级 FDM 3D 打印机打印模型需要经过获得 3D 数字模型、模型切片处理、3D 打印等一系列流程。LCD 3D 打印机也不例外，获得数字模型后，需要将模型导入 LCD 3D 打印机特有的切片软件进行切片处理，如图 3-2-1 所示，最后将切片文件导入 LCD 3D 打印机进行打印。

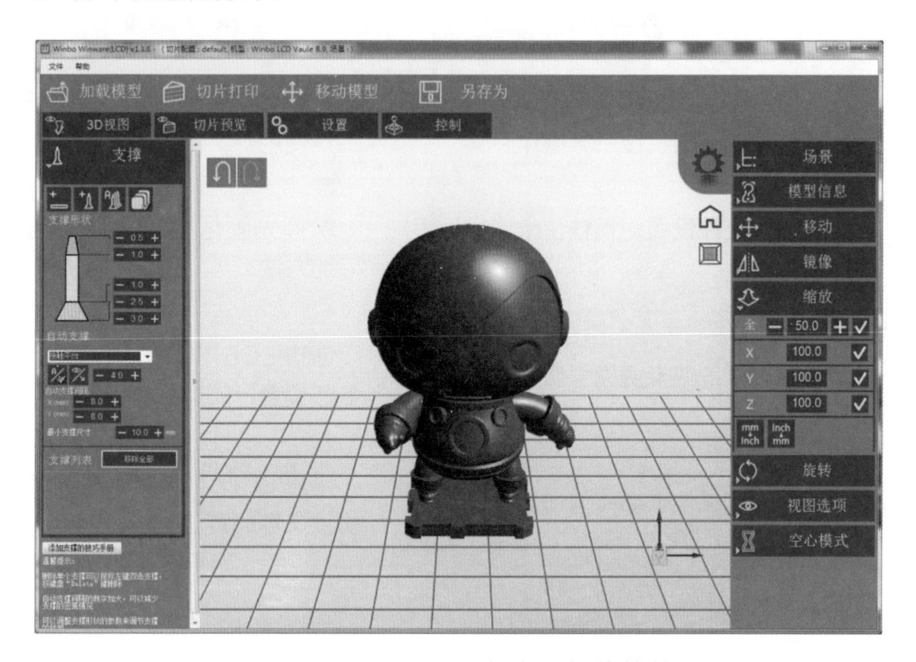

图 3-2-1　LCD 3D 打印机切片软件

项目主题

以“钢铁侠卡通模型切片”为主题，通过分组探究，对 Winware（LCD）界面及功能进行分析。掌握切片前 3D 模型调整、添加支撑；懂得基本参数设置，知道切片软件中的参数含义，从而熟练掌握 LCD 3D 打印机切片软件操作。

项目目标

- 掌握 LCD 3D 打印机切片软件调整工具使用。
- 掌握光固化类 3D 打印模型的支撑添加方法。

◆ 懂得 LCD 3D 打印机切片软件基本参数设置，知道各参数的含义。

◆ 掌握 LCD 3D 打印机切片软件导出切片文件的方法。

项目探究

请同学们根据项目内容要求，通过调查和案例分析，文献阅读或网上搜索资料，开展“钢铁侠卡通模型切片”项目学习探究活动，如表 3-2-1 所示。

表 3-2-1 “钢铁侠卡通模型切片”项目学习探究活动一览表

探究活动	学习内容	知识技能
钢铁侠卡通模型切片	通过调整工具调整钢铁侠卡通模型进行移动、缩放、镂空等操作	掌握 LCD 3D 打印机切片软件调整工具使用
	通过支撑设置对钢铁侠卡通模型添加支撑	掌握光固化类 3D 打印模型的支撑添加方法
	设置钢铁侠卡通模型切片参数	懂得 LCD 3D 打印机切片软件基本参数设置，知道各参数的含义
	导出钢铁侠卡通模型切片文件	掌握 LCD 3D 打印机切片软件导出切片文件的方法

问　题

◆ LCD 3D 打印机切片软件与 FDM 3D 打印机切片软件之间有哪些区别?

◆ 应用切片软件需要注意哪些问题?

项目实施

一、认识切片软件

1. 主界面

双击计算机桌面 Winware（LCD）图标，启动 LCD 3D 打印机切片软件。进入主界面，如图 3-2-2 所示。

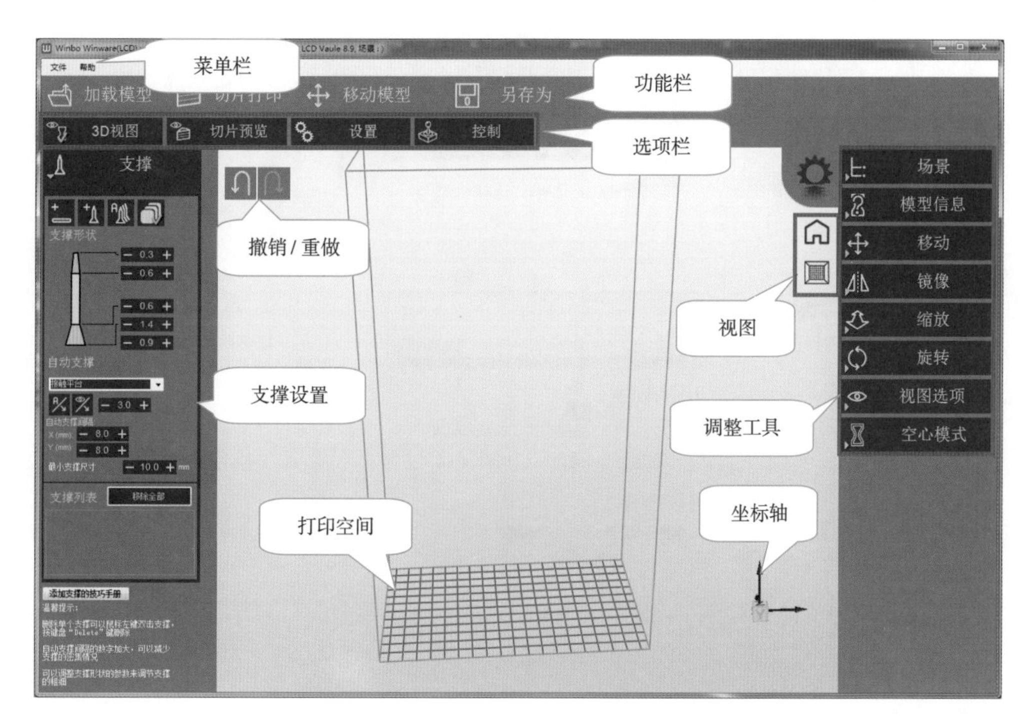

图 3-2-2　LCD 3D 打印机切片软件主界面

2. 鼠标操作

通过鼠标可调节视图，如平移视图、旋转视图和缩放视图，具体操作如图 3-2-3 所示。

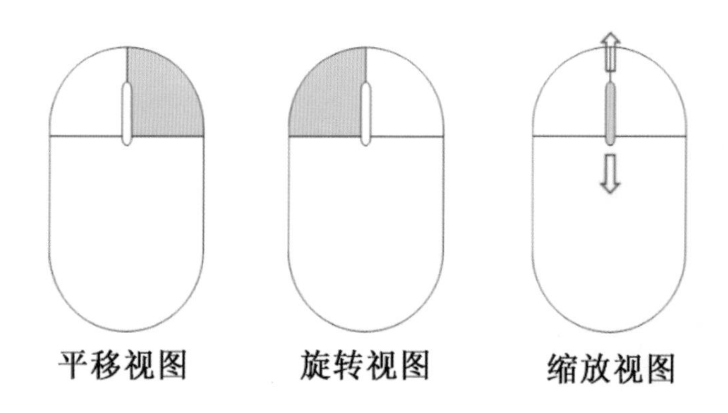

图 3-2-3　切片软件鼠标操作

二、调整打印模型

打开模型切片前，确定 3D 打印机机型，并在切片软件中设置对应机型。首先在选项栏中单击“设置”选项，然后选择“选择机型”，最后在“选择机型”下拉菜单中选择对应机型，如图 3-2-4 所示。

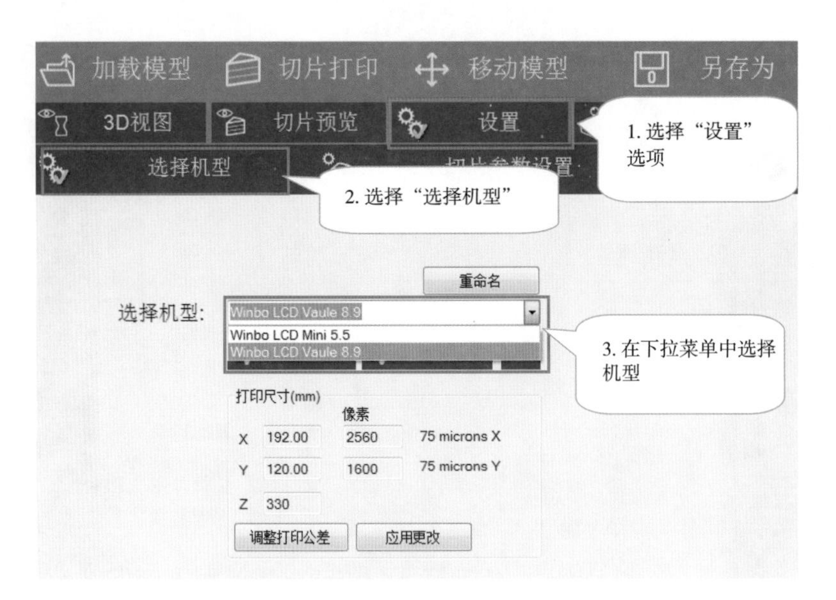

图 3-2-4　在切片软件中设置机型

1. 打开模型

单击切片软件中的“3D 视图”选项，切换成模型的3D 视图模式。单击功能栏中的“加载模型”，在资源管理器窗口中选择“钢铁侠”文件，单击“打开”按钮，如图 3-2-5 所示。

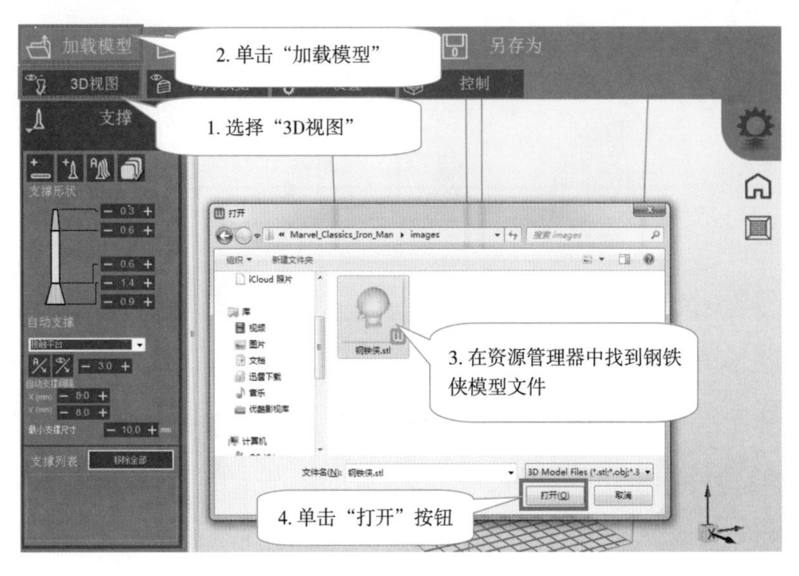

图 3-2-5　在切片软件中打开模型文件

2. 调整模型

打开钢铁侠模型后，通过观察发现视图内出现两个安全提示，说明钢铁侠模型过大，已超出 3D 打印机打印尺寸，如图 3-2-6 所示。

图 3-2-6　打开钢铁侠模型后的默认视图

通过调整工具对钢铁侠模型进行调整，使钢铁侠在打印区域内。模型调整包括对模型的场景、模型信息、移动、镜像、缩放、旋转、视图选项、空心模式等操作，如图 3-2-7 所示。

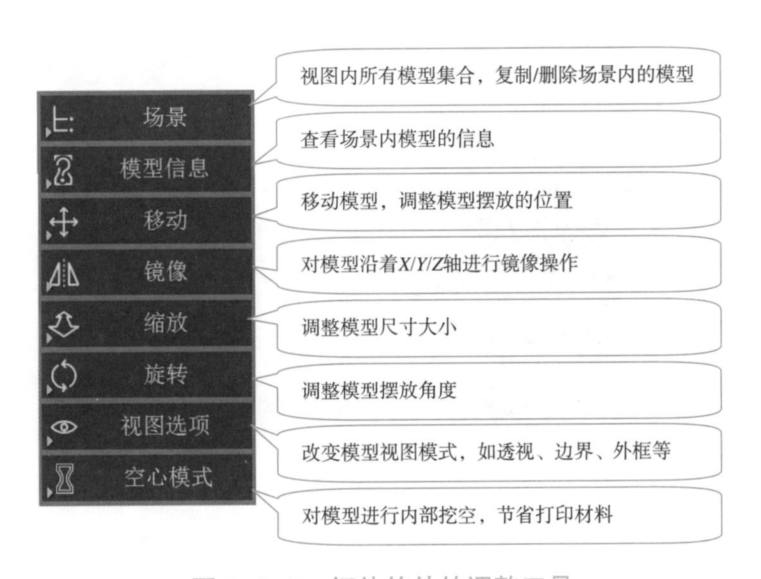

图 3-2-7　切片软件的调整工具

具体调整操作如下：

①用调整工具中的“缩放”，在“全”栏中输入“30.0”，意为将模型尺寸缩小

为原来的30%，单击“√”确认缩放，如图 3-2-8 所示。

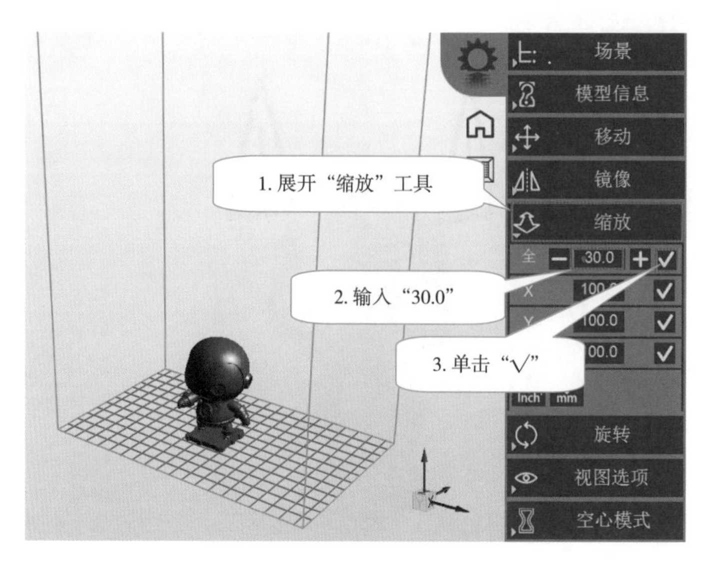

图 3-2-8　利用缩放工具调整模型大小

②为了在打印中节省材料，一般情况下将模型设置成空心。单击调整工具的“空心模式”，然后单击“使模型空心”，最后等待软件处理，如图 3-2-9 所示。

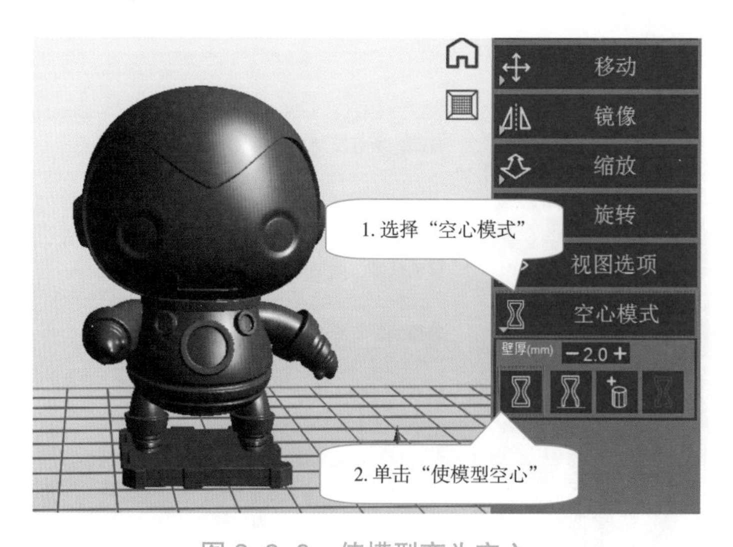

图 3-2-9　使模型变为空心

③打印空心模型会出现内部存在液体材料的情况，因此需要在模型上开一个小孔，打印结束后将模型内部材料排出。

首先单击调整工具的“空心模式”，选择“添加孔切割工具”；然后单击功能栏中的“移动模型”，此时打孔钉上出现三个移动手柄；单击蓝色箭头不放，移动到钢铁侠底部，如图 3-2-10 所示。

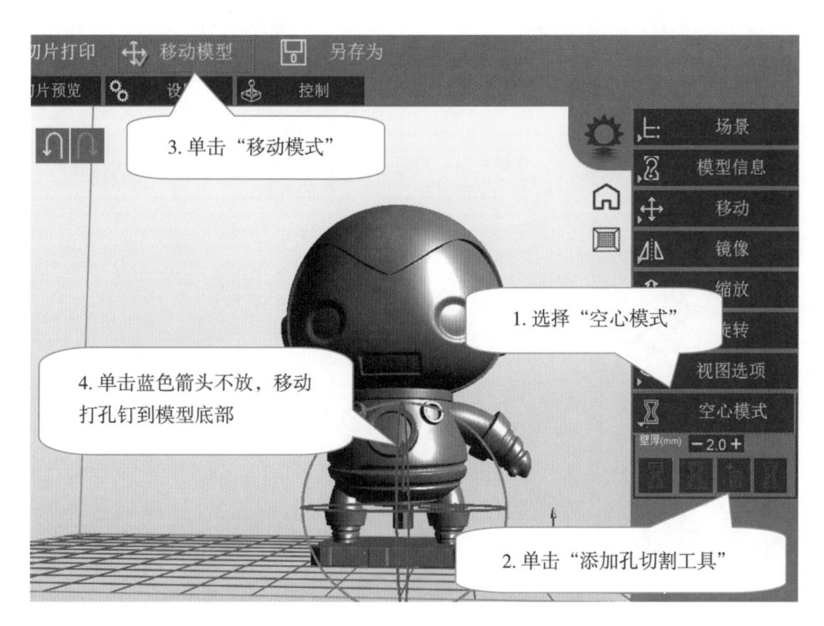

图 3-2-10 添加 / 移动打孔钉

最后双击钢铁侠模型，使模型变为绿色，单击“使用工具切割孔”，完成模型打孔，如图 3-2-11 所示。

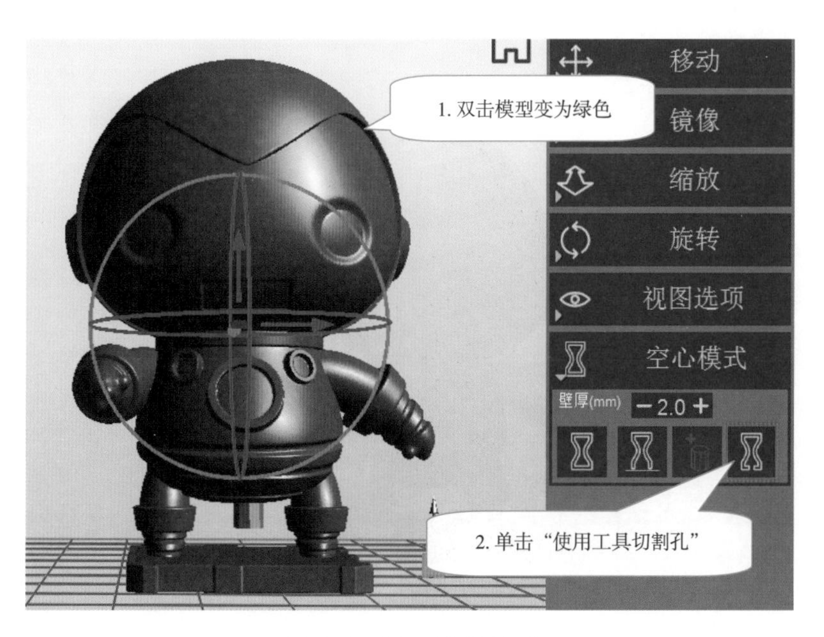

图 3-2-11 模型打孔

三、添加支撑部分

正确使用支撑对模型打印质量至关重要，也是 LCD 打印的重点和难点。但是使用过多支撑，也会影响模型表面的质量。支撑界面如图 3-2-12 所示。

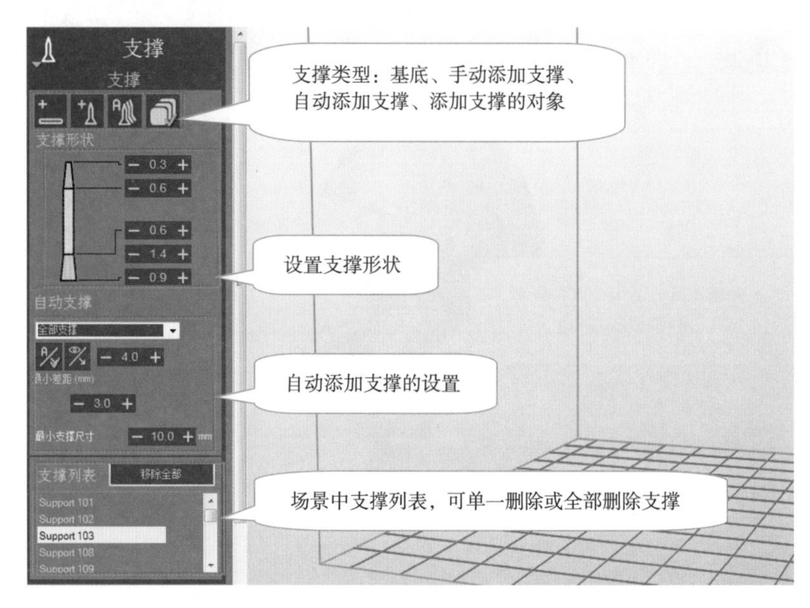

图 3-2-12　切片软件的支撑界面

观察钢铁侠模型，两只手臂和身体之间是悬空部位，需要添加支撑，如图 3-2-13 所示。

图 3-2-13　钢铁侠模型的悬空部位

1. 自动添加支撑

在自动添加支撑前，首先要设置支撑形状与自动支撑的参数。支撑形状保持默认即可，熟悉添加支撑技巧后可根据模型实际情况设置支撑形状，如图 3-2-14 所示。自动支撑类型选择“全部支撑”，勾选“只生成支撑面朝下的表面”，支撑密度设置为 “4.0”，最小差距设置为“3.0”，最小支撑尺寸设置为“10.0”，如图 3-2-15 所示。

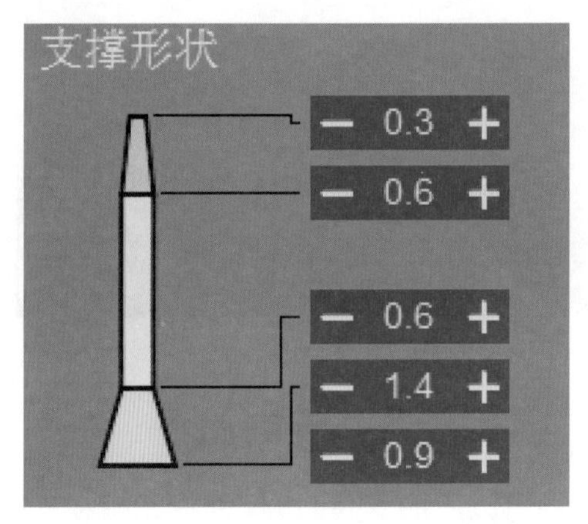

图 3-2-14　支撑形状参数设置

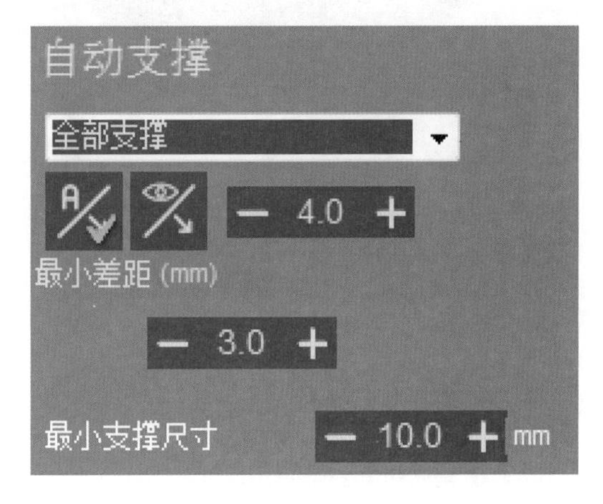

图 3-2-15　自动支撑参数设置

设置完支撑形状与自动支撑参数后，勾选“自动添加支撑”，等待大概 1 min，自动添加支撑，如图 3-2-16 所示。

图 3-2-16　自动添加支撑

2. 删除多余支撑

自动添加支撑会出现多余支撑的情况，如图 3-2-17 所示。虽然多余的支撑不会影响打印，但是会影响打印件表面效果，因此需要删除多余支撑。双击支撑，选中的支撑由黄色变为绿色，按【Delete】键删除，如图 3-2-18 所示。

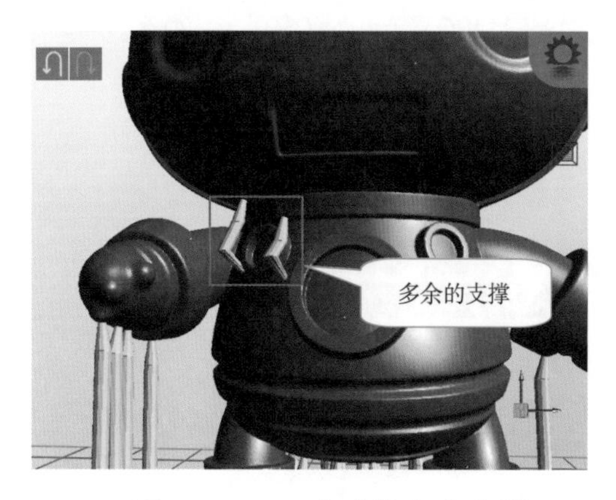

图 3-2-17　生成的多余支撑

图 3-2-18　删除多余支撑

3. 手动添加支撑

再次观察添加支撑后的模型，发现一些部位还可以添加支撑，以保证打印顺利进行。勾选“手动添加支撑”，单击模型上需要添加支撑的部位即可生成单个支撑，如图 3-2-19 所示。

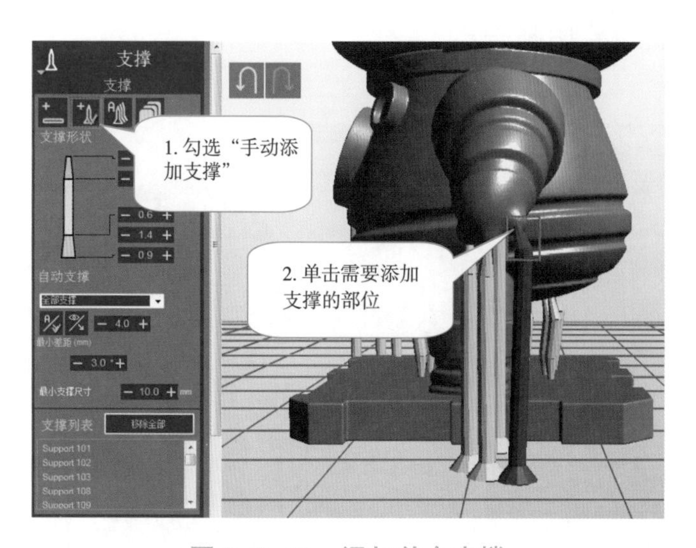

图 3-2-19　添加单个支撑

4. 移动支撑位置

双击支撑顶部或尾部，按住【Shift】键的同时移动鼠标，移动支撑，如图 3-2-20 所示。在移动支撑前，关闭“手动添加支撑”，防止误操作添加另外的支撑。

图 3-2-20　移动支撑

四、设置切片参数

模型添加支撑后，单击选项栏中的“设置”，勾选“切片参数设置”，进入切片参数设置界面，如图 3-2-21 所示。

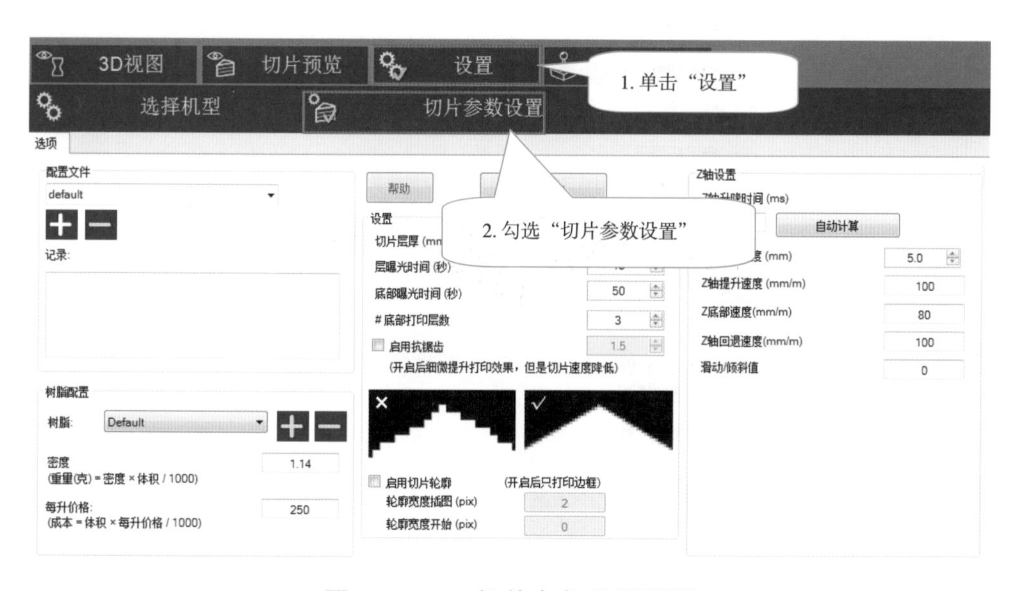

图 3-2-21　切片参数设置界面

1. 配置文件

配置文件、树脂设置与 Z 轴设置为软件中的预设，不需要作更改。

2. 参数设置

切片层厚：设置每个切片的厚度，单位为毫米，默认值是 0.1 毫米，越小打印时间越长，表面越精细。数值范围为 0.05~0.2, 建议采用 0.05~0.1。

层曝光时间：每层固化的时间，需要根据树脂特性进行调整，一般树脂会有指定说明（1 000 ms = 1 s）。

底部曝光时间：为了确保模型黏附到平台，可以在指定数量的底层上设置更长的固化时间。

底层打印层数：设置较长曝光时间的“底层”的数量，一般为 3 层。

切片轮廓：启用后切片只生成外轮廓，一般不使用。

本次打印材料为普通光敏树脂，切片层厚设置为“0.100”，层曝光时间设置为“15”，底部曝光时间设置为“50”，底部打印层数为“3”，“启用抗锯齿”与“启用切片轮廓”不勾选，如图 3-2-22 所示。

图 3-2-22　钢铁侠切片参数设置

五、导出打印文件

完成切片层厚、层曝光时间、底部曝光时间等参数设置，单击功能栏中的“切片打印”，在弹出窗口中单击“切片”按钮，填写文件名称（不能为中文）后单击“保存”按钮，如图 3-2-23 所示。

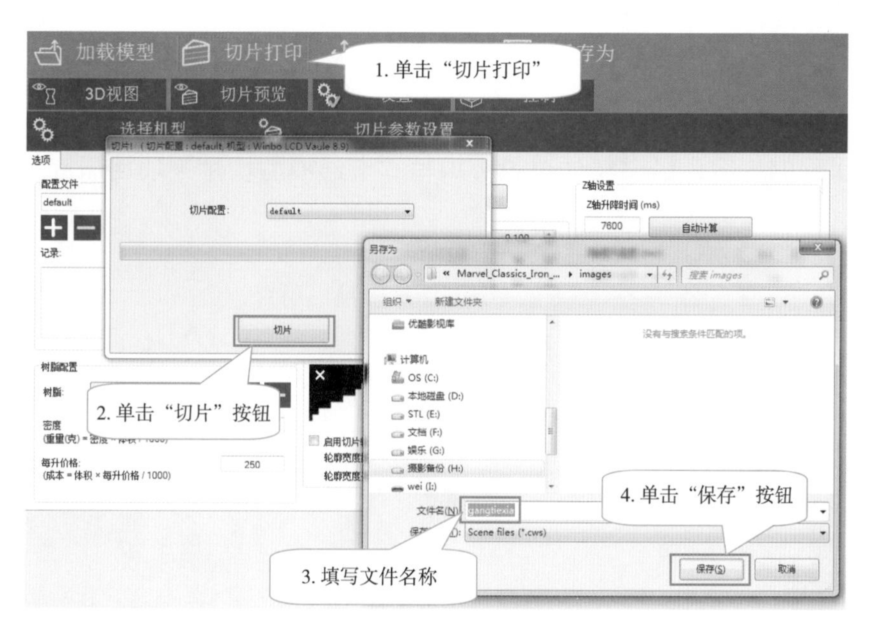

图 3-2-23 钢铁侠模型切片保存为 Gcode 文件

实 践

以小组为单位，选择图 3-2-24 所示一款卡通模型，参照钢铁侠卡通模型切片，自主完成打印前切片，在分层视图下检查判断参数合理性，导出打印文件。

图 3-2-24 卡通模型

成果交流

请同学们进行分组，根据“钢铁侠卡通模型切片”项目学习探究活动一览表以及本节所呈现的内容，经过集体讨论，填写“卡通模型切片”项目研究报告书，见表 3-2-2。

表 3-2-2 “卡通模型切片”项目研究报告书

项目名称	
项目组成员	
所用 3D 打印机规格参数	
模型调整缩略图	
模型支撑缩略图	
参数设置	
项目完成过程中遇到的难题	
克服困难的具体措施	
用一句话概括项目学习感想	

完成项目研究报告书后，项目团队成员分工协作，把报告书与大家分享交流，进一步完善项目研究报告书。

思　考

◆ 用自己的语言简单阐述什么是 LCD 3D 打印技术？

◆ 打印空心模型时，如何设置参数？如果模型内部存在液体材料，如何处理？

◆ 正确设计适当的支撑对模型打印质量是很重要的，那么在 LCD 打印建模过程中，如何设计支撑，以达到较高的模型质量？

活动评价

请同学们根据表 3-2-3 对项目学习效果进行评价。

表 3-2-3 活动评价表

评价内容	个人评价	小组评价	教师评价
掌握 LCD 3D 打印机切片软件调整工具使用	□优 □良 □一般	□优 □良 □一般	□优 □良 □一般
掌握光固化类 3D 打印模型的支撑添加方法	□优 □良 □一般	□优 □良 □一般	□优 □良 □一般
懂得 LCD 3D 打印机切片软件基本参数设置，知道各参数的含义	□优 □良 □一般	□优 □良 □一般	□优 □良 □一般
掌握 LCD 3D 打印机切片软件导出切片文件的方法	□优 □良 □一般	□优 □良 □一般	□优 □良 □一般

LCD 切片软件演示

项目三　使用 LCD 3D 打印机

情景导入

定格动画短片《Chase me》中的形象对细节的要求比较高，作者最终选择的 3D 打印机是可以快速批量打印的高精度 LCD 3D 打印机，如图 3-3-1 所示。而为了打印出这 2 500 多个对象（其中某些形象需要许多不同的动作，还有 300 个经过了后期上色），他总共耗费了近 80 升光敏树脂材料和 6 000 多个小时。

图 3-3-1　动画《Chase me》的女主人公

项目主题

以“钢铁侠卡通模型打印及后期处理”为主题，通过网络搜索、观看视频、分组探讨，对 LCD 3D 打印机的操作过程进行分析，掌握 LCD 3D 打印机使用、产品后期处理、故障排除、日常维护等操作。

项目目标

◆ 加深对 LCD 3D 打印机的认识。

◆ 掌握 LCD 3D 打印机使用、产品后期处理、故障排除、日常维护等操作。

项目探究

请同学们根据项目内容要求，通过调查和案例分析，文献阅读或网上搜索资料，开展“钢铁侠卡通模型打印及后期处理”项目学习探究活动，如表 3-3-1 所示。

表 3-3-1 “钢铁侠卡通模型打印及后期处理”项目学习探究活动一览表

探究活动	学习内容	知识技能
钢铁侠卡通模型打印及后期处理	分析使用 LCD 3D 打印机打印钢铁侠模型的操作步骤	掌握使用 LCD 3D 打印机打印模型的操作步骤
	分析钢铁侠模型的后期处理方法	掌握 LCD 3D 打印产品后期处理方法
	分析钢铁侠模型打印过程中可能遇到的问题	掌握 LCD 3D 打印机常见问题处理方法
	分析 LCD 3D 打印机日常维护操作	掌握 LCD 3D 打印机日常维护操作，保持 3D 打印机性能

问　题

- 在打印前 3D 打印机需要怎样设置?
- 打印产品需要做什么后期处理?
- 在打印过程中会出现什么样的问题?
- 在打印后 3D 打印机需要怎样处理?

项目实施

一、3D 打印机的操作步骤

现在，准备好 3D 打印机、3D 打印材料以及要打印的模型文件，动手打印自己的钢铁侠模型吧！下面介绍打印钢铁侠的过程。

1. 操作界面

按下 LCD 3D 打印机的启动开关，启动 3D 打印机，显示屏进入主界面，如图 3-3-2 所示。

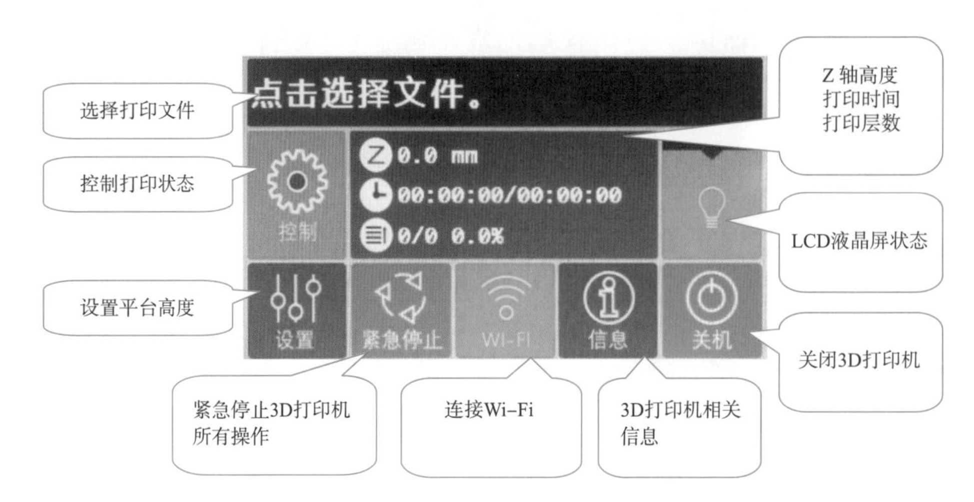

图 3-3-2　LCD 3D 打印机显示屏主界面

2. 调整平台

在调整平台之前，检查料槽和液晶显示屏是否有杂物，防止平台归零之后因为杂物而压碎液晶屏。拧松万向云台右侧的旋钮，放松平台，使平台可以转动，如图 3-3-3 所示。调整平台与料槽尽量保持平行，否则会影响打印尺寸及复位时刮到料槽，如图 3-3-4 所示。

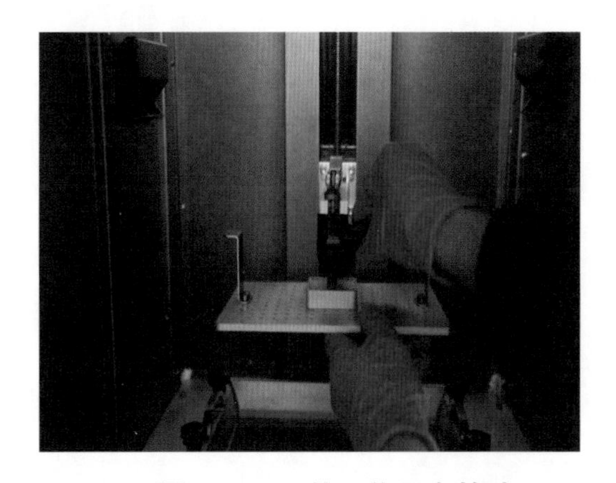

图 3-3-3　使工作平台转动

图 3-3-4　使工作平台与料槽保存平行

在主界面中单击“设置”按钮，单击“↓”，工作平台开始下降，如图 3-3-5 所示。

平台自动归位，当平台与料槽贴合时，平台为水平状态。扭紧旋钮，固定平台水平状态，如图 3-3-6 所示。

在主界面中单击“设置”按钮，单击“↑ 50 mm”，升高平台 50 mm，如图 3-3-7 所示。

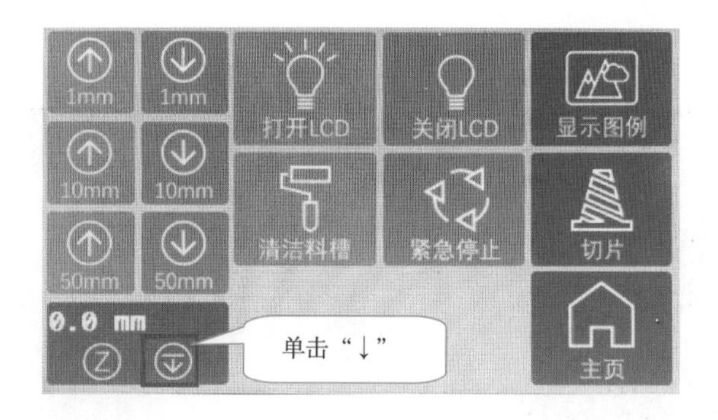

图 3-3-5　单击“↓”，工作平台开始下降

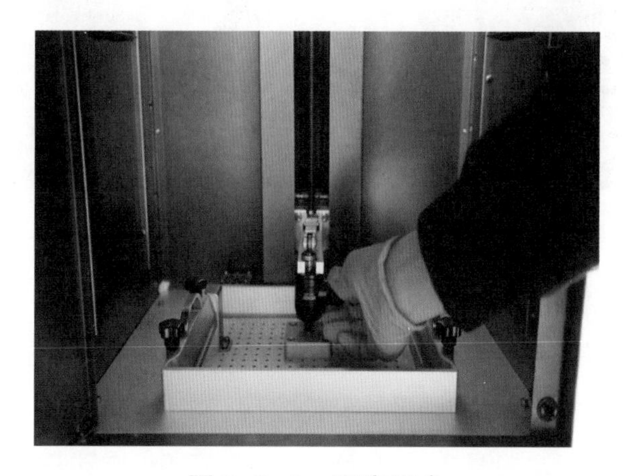

图 3-3-6　固定平台

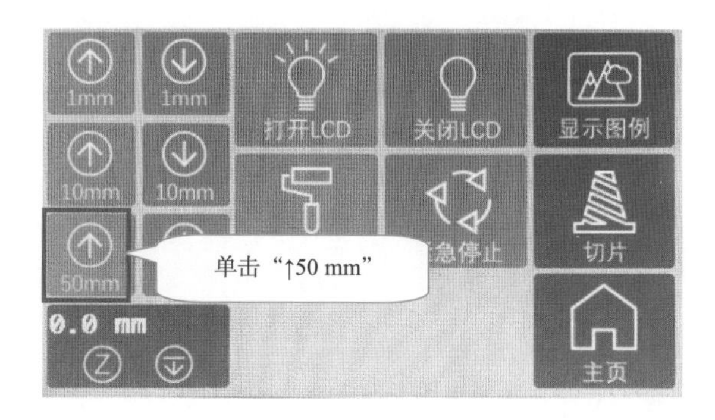

图 3-3-7　升高平台 50 mm

3. 准备材料

在注入材料之前确保料槽内洁净，离型膜表面无杂物、无指纹，无灰尘，若有则需用无尘布擦拭。

材料使用前需摇晃至少 30 s，打开材料瓶盖，向料槽中倾倒材料，倾倒时需要缓慢地将材料倒入料槽中，防止飞溅，如图 3-3-8 所示。倒进的材料为料槽的 1/3 为宜，不超过 2/3。倒完后盖上瓶盖，存放于阴凉干燥处。

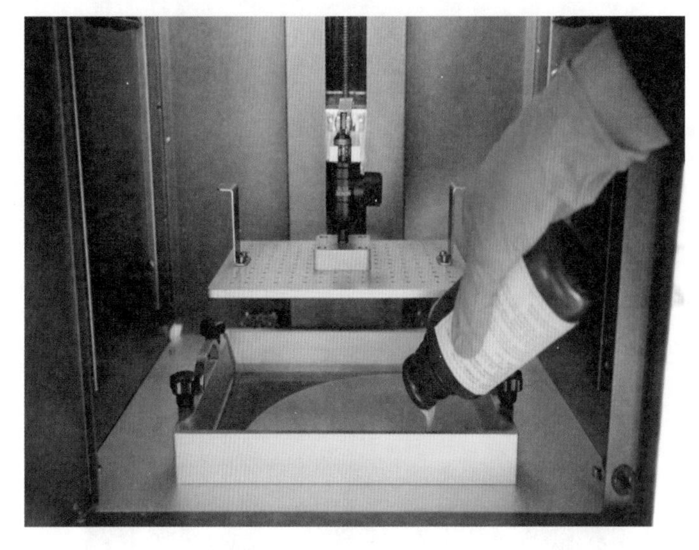

图 3-3-8　向料槽内倾倒材料

4. 开始打印

将切片好的钢铁侠文件存放到 U 盘，插入 3D 打印机，在主界面单击“单击选择文件”；通过浏览 U 盘文件，选择需要打印的文件，单击“选择”；接着单击“控制”→，“开始”按钮，开始打印，如图 3-3-9 所示。3D 打印机自动开始打印钢铁侠。

图 3-3-9　选择打印文件

5. 拆卸模型

打印完成后，拧松万向云台的旋钮，倾斜平台后固定，静置 30 min。目的是使平台和模型的树脂残余料回流到料槽，重复利用，如图 3-3-10 所示。

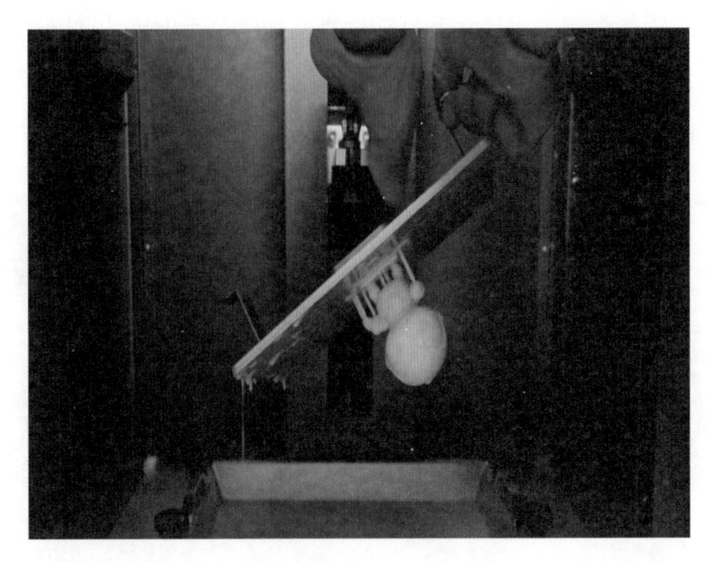

图 3-3-10 倾斜成形平台

准备能盛放模型的容器和毛刷，用于清洗模型。松开云台卡扣，取出打印平台，用小铲刀沿模型边缘轻轻翘起，使模型跌落到容器上，如图 3-3-11 所示。

图 3-3-11 拆卸打印模型

二、3D 打印产品后期处理

LCD 光固化 3D 打印的产品不仅比 FDM 3D 打印的产品要精细得多，而且不会出现拉丝、毛刺、凸点等情况。因此 LCD 3D 打印机产品只需要做表面清洗、支撑处理以及简单打磨即可。

1. 表面清洗

往容器内加入适量酒精，用毛刷清洗模型表面的残余树脂，如图 3-3-12 所示。清洗过程中注意每个细小部位，每个部位都应清洗到位。清洗完毕后，将模型置于日光下放置 60 min，进一步固化模型，如图 3-3-13 所示。

图 3-3-12　倒入酒精清洗液

图 3-3-13　进一步固化模型

2. 去除支撑

对于大多数模型来说，支撑必不可少，但去除后会在模型表面留下痕迹。解决这一问题，一方面需要在切片时适当优化，尽量避免支撑生成；另一方面支撑去除需要一点技巧，即熟练使用合适的剪钳、镊子等工具。

对于 LCD 打印产品的支撑，需要用到剪钳细心处理，如图 3-3-14 所示。去除支撑的表面会有凹凸不平都情况，可以用锉刀慢慢将突起部分磨平，如图 3-3-15 所示。

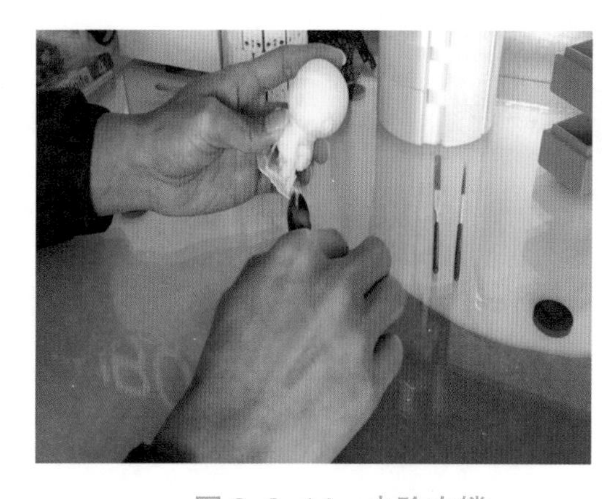

图 3-3-14　去除支撑

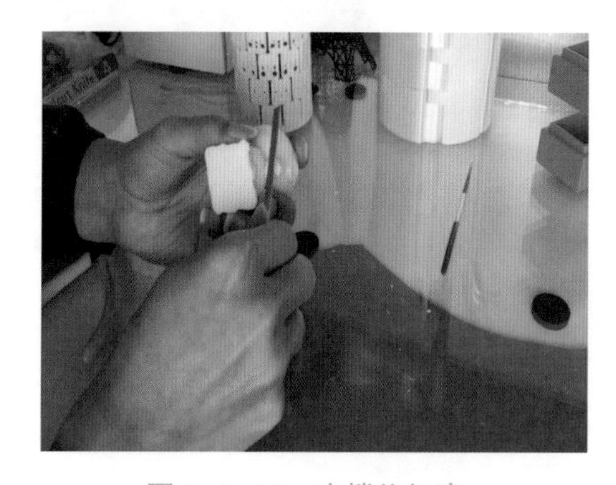

图 3-3-15　支撑位打磨

最后可根据喜好用水彩笔进行上色，最终产品如图 3-3-16 所示。

图 3-3-16 最终处理的钢铁侠

三、3D 打印机的故障处理

3D 打印机在打印前没有配置好，或者在切片中参数设置不恰当都会引起打印问题。在项目模型打印过程中，需要观察在打印过程中可能出现的故障，及时收集并记录下来，在建模、打印和材料等多方面找解决问题的方法。

四、3D 打印机的日常维护

1. 机器表面清洁

LCD 3D 打印机在日常使用中，机身难免会粘到树脂，并且需要及时清理，否则树脂固化后难以清理。清理方法很简单，就是用纸巾或者无纺布擦拭，擦拭一遍后将纸巾或无纺布对折再擦第二次，再对折擦第三次，如此循环直到擦干净为止，如图 3-3-17 所示。

图 3-3-17 纸巾擦拭机器表面树脂

2. 工作平台清理

卸下打印产品后的工作平台，如果 3D 打印机继续打印产品，简单地清理平台上固化的树脂残渣，重新安装在打印机上即可打印；如果打算 3D 打印机长时间不使用，这时候就需要把工作平台清洗干净。将工作平台放置在一个尺寸合适的容器中，倒入酒精清洗液，用毛刷将平台洗刷干净，最后用纸巾擦干净，如图 3-3-18 所示。

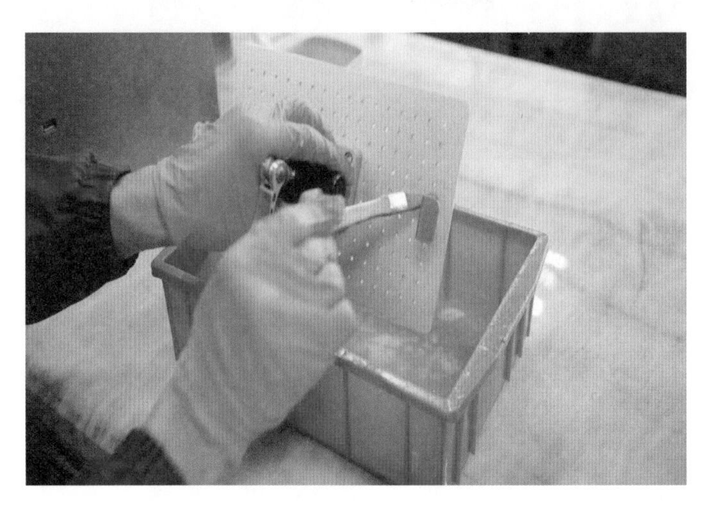

图 3-3-18　清洗工作平台

3. 打印材料存储

打开材料包装瓶盖子，插入不锈钢漏斗，等待回收材料。松开料槽上 4 颗固定螺钉，取出料槽，慢慢地将材料倒入包装瓶子内。可使用铲刀将料槽内残余材料刮干净，如图 3-3-19 所示。盖上瓶盖保存在避光、阴凉、通风的地方。

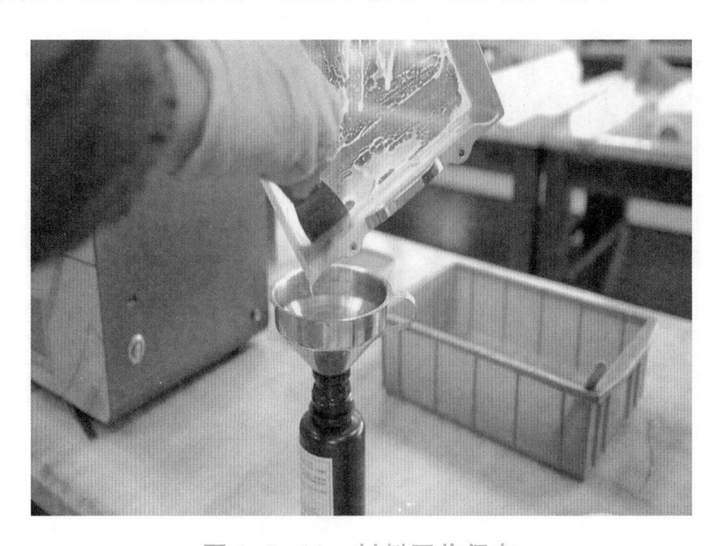

图 3-3-19　材料回收保存

4. 打印料槽清理

回收树脂材料后，首先用纸巾把料槽周围的残余料擦拭干净；然后往料槽倒入酒精清洗液，用毛刷清理料槽内部，使残余料溶于酒精，如图 3-3-20 所示；最后将废液倒入废料容器中，用纸巾或者无纺布将料槽擦拭干净。

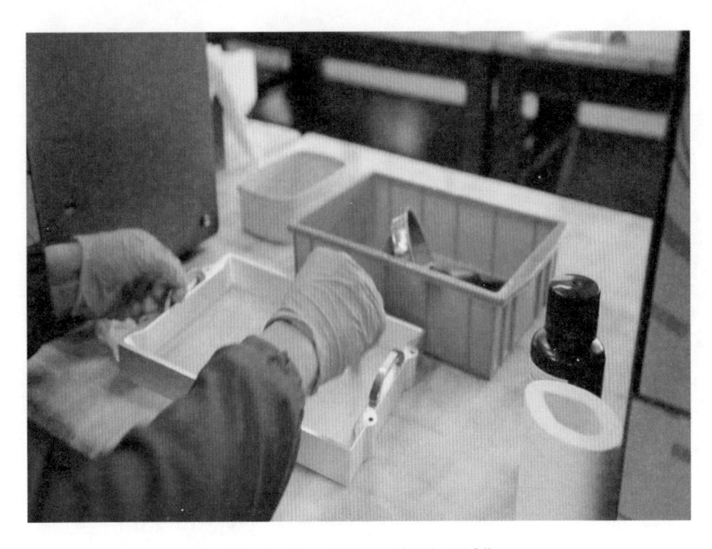

图 3-3-20 清洗料槽

5. 日常注意事项

①清洗料槽时，请勿用尖锐物品去除固化材料，如镊子、雕刻刀、美工刀等，避免刺破“离型膜”。如果刺破“离型膜”则需要更换。

②工作平台安装或拆卸时注意不要掉落，以免压碎投影屏幕。

③ 48 h 不使用 3D 打印机时，需要将光敏树脂过滤后倒回储存罐里。

④打印结束后注意清理工作平台和料槽的残渣。

⑤若机器上不慎粘到树脂时，可用纸巾或无纺布擦拭干净。

⑥更换不同颜色或不同类型的树脂时应先将原来的树脂回收保存并清理干净料槽。

请同学们参照下面提供的常见打印问题，小组分工协作，经过相互讨论、查找资料，完善表格中缺少的内容。LCD 3D 打印常见问题解决方案见表 3-3-2。如果表格没提及的问题，同学们可以做相应补充。

表 3-3-2　LCD 3D 打印常见问题解决方案

常见问题	解决方案
模型粘不住平台	
模型断层开裂	

请各小组同学，根据表 3-3-2 LCD 3D 打印常见问题解决方案提及的内容，针对本组上次打印出现的问题总结出解决方案，并再次打印。以小组为单位，参照钢铁侠卡通模型打印及后期处理，完成本组所选卡通模型的打印。

成果交流

请同学们进行分组，根据“钢铁侠卡通模型打印及后期处理”项目学习探究活动一览表以及本节所呈现的内容，经过集体讨论，填写“卡通模型打印及后期处理”项目研究报告书，如表 3-3-3 所示。

表 3-3-3　“卡通模型打印及后期处理”项目研究报告书

项目名称	
项目组成员	
LCD 3D 打印机打印前准备工作	
LCD 3D 打印机使用	
打印产品后期处理	
LCD 3D 打印机日常维护	
打印产品实物图	
项目完成过程中遇到的难题	
克服困难的具体措施	
用一句话概括项目学习感想	

完成项目研究报告书后，项目团队成员分工协作，把打印好的模型作品以实物、视频、项目研究报告、项目展示PPT等多种形式呈现项目设计成果，并与大家分享交流，进一步完善项目研究报告书。

思 考

◆ LCD 3D 打印时，在注入材料之前要做好哪些准备?

◆ LCD 3D 打印好的模型如何拆卸?

◆ LCD 3D 打印产品后期要做哪些处理?

活动评价

请同学们根据表 3–3–4 对项目学习效果进行评价。

表 3–3–4 活动评价表

评价内容	个人评价	小组评价	教师评价
掌握 LCD 3D 打印机打印模型的操作步骤	□优 □良 □一般	□优 □良 □一般	□优 □良 □一般
掌握打印产品后期处理方法	□优 □良 □一般	□优 □良 □一般	□优 □良 □一般
掌握 LCD 3D 打印机常见问题处理方法	□优 □良 □一般	□优 □良 □一般	□优 □良 □一般
掌握 LCD 3D 打印机日常维护操作	□优 □良 □一般	□优 □良 □一般	□优 □良 □一般

知识拓展

光敏树脂废料处理

光敏树脂为环保型 3D 打印机材料，但仍会对环境造成污染，且光敏树脂气味大，对于部分有过敏体质的人员可能造成不适，建议对废弃的光敏树脂需要经过一定的处理，以减少对环境的污染，以及减少对人体的伤害。

1．处理工具

手套、护目镜、废料盒或桶。

2. 处理方法

确认污染源：树脂凝固物、清洗液胶体、擦拭布条或纸巾。

树脂凝固物处理：放置阳光下曝晒，直到树脂完全凝固，作固体垃圾不可回收处理。

清洗液胶体处理：放置阳光下曝晒，直到清洗液蒸发，剩余树脂完全凝固，作固体垃圾不可回收处理（提示：5 mm 深清洗液胶体需要约 4 h 固化时间）。

擦拭布条或纸巾处理：放置阳光下曝晒，直到布条或纸巾黏附的树脂完全凝固，作固体垃圾不可回收处理。

3. 清洗

废料盒或桶清洗：用清洗液、碱沙或洗衣粉混水洗净树脂。

手上残留树脂清洗：用清洗液、碱沙或洗衣粉混水洗净树脂。

4. 处理注意事项

处理时请尽量佩戴胶手套、护目镜，避免皮肤接触到树脂。

树脂、清洗液体不慎溅入眼睛，立即用清水冲洗，如有不适送医就诊。

学习视频

LCD 后处理以及维护演示

第四章　3D 扫描技术及应用

第三章学习了 LCD 3D 打印机的使用。知道 3D 打印前首先获取 3D 数字模型并转换为 3D 打印通用的 STL 文件；其次将 STL 文件导入 3D 打印切片软件中生成 3D 打印机可识别的 Gcode 文件；然后 3D 打印机读取 Gcode 进行打印实物；最后打印实物经过后期处理，得到最终产品。

本章以“3D 扫描技术及应用”为主体，基于 STEAM 教育理念，开展自主学习、协作学习和探究式项目学习，了解 3D 扫描技术概念与基本实现原理；知道 3D 扫描技术的应用领域；分别以拍照式 3D 扫描仪和手持式 3D 扫描仪为例，分析这两款 3D 扫描仪的使用流程及 3D 扫描数据的后期处理。从而将知识建构、技能培养与思维发展融入运用数字化工具解决问题和完成任务的过程中，促进学科核心素养的养成，完成项目学习目标。

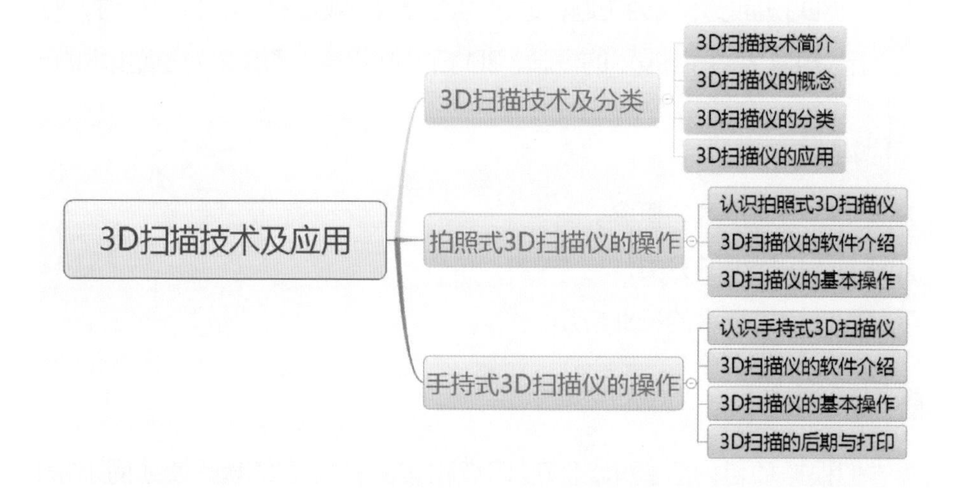

项目一　3D 扫描技术及分类

情景导入

在电影《十二生肖》中，成龙扮演的杰克为获取真实的兔首资料，利用记者身份接近仿真兔首模型。杰克穿戴特制的手套获取兔首三维信息，传到远端的计算机，利用计算机控制 3D 打印机进行实体打印，很短的时间就打印出一件外形和材质完全一样的高仿制品，如图 4-1-1 所示。

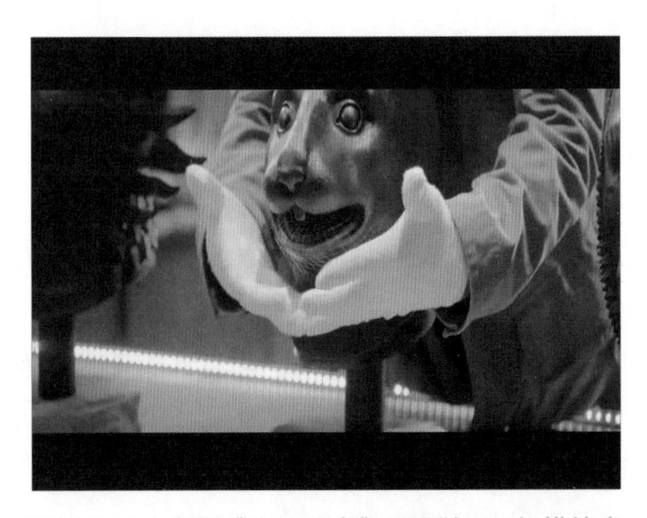

图 4-1-1　电影《十二生肖》呈现的 3D 扫描技术

项目主题

以"认识 3D 扫描技术"为主题，通过网络搜索、观看视频、分组探讨，对 3D 扫描技术进行分析，知道 3D 扫描技术的概念、3D 扫描仪分类，了解 3D 扫描技术的行业应用。

项目目标

- ◆ 知道 3D 扫描技术的概念。
- ◆ 知道 3D 扫描仪的分类。
- ◆ 了解 3D 扫描技术的行业应用。

项目探究

请同学们根据项目内容要求，通过调查和案例分析、文献阅读或网上搜索资料，开展“认识 3D 扫描技术”项目学习探究活动，如表 4-1-1 所示。

表 4-1-1　“认识 3D 扫描技术”项目学习探究活动一览表

探究活动	学习内容	知识技能
认识 3D 扫描技术	阐述 3D 扫描技术的概念	知道 3D 扫描技术的概念
	分析 3D 扫描仪的分类	知道扫描仪的分类
	列举 3D 扫描技术在各行业中的应用	了解 3D 扫描技术在各行业中的应用

问　题

◆ 什么是 3D 扫描技术?

◆ 3D 扫描仪有哪些分类?

◆ 3D 扫描技术在哪些行业中得到应用?

项目实施

一、3D 扫描技术简介

3D 扫描是集光、机、电、计算机技术于一体的高新技术，主要用于对物体空间外形和结构进行扫描，以获得物体表面的空间坐标。它的重要意义在于能够将物体的立体信息转换为计算机能直接处理的数字信号，如图 4-1-2 所示。

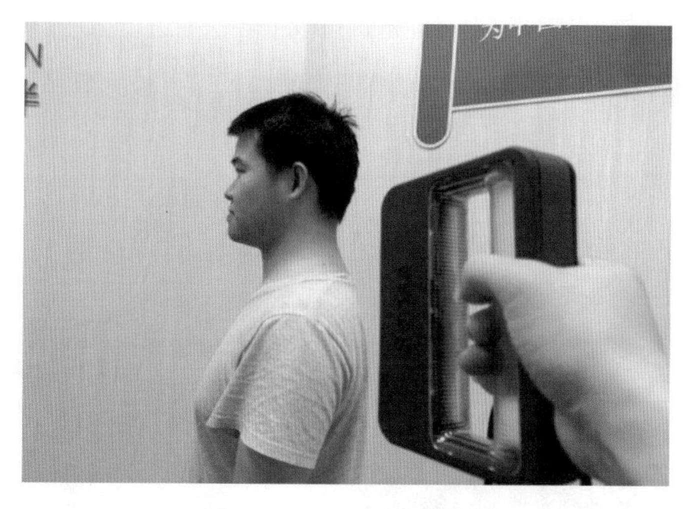

图 4-1-2　3D 扫描技术

二、3D 扫描仪的概念

3D 扫描仪（3D Scanner）是一种科学仪器，用来侦测并分析现实世界中物体或环境的形状（几何构造）与外观数据（如颜色、表面反照率等）。搜集到的数据常被用来进行 3D 重建计算，在虚拟世界中创建实际物体的数字模型。这些模型具有相当广泛的用途，例如工业设计、瑕疵检测、逆向工程、机器人导引、地貌测量、医学信息、生物信息、刑事鉴定、数字文物典藏、电影制片、游戏创作素材等都可见其应用。

三、3D 扫描仪的分类

3D 扫描仪大体分为接触式 3D 扫描仪和非接触式 3D 扫描仪。其中非接触式 3D 扫描仪又分为光栅 3D 扫描仪（又称拍照式 3D 扫描仪）和激光扫描仪（多为手持式 3D 扫描仪）。而光栅 3D 扫描仪又有白光扫描或蓝光扫描等，激光扫描仪又有点激光、线激光、面激光的区别。

四、3D 扫描仪的应用

3D 扫描仪对于 3D 打印来说，是一个获取数据模型的重要途径，如今在越来越多的领域也能看到 3D 扫描仪的身影了。

1. 教育教学

很多高校都有设计类课程，如动漫设计、3D 建模设计等，利用 3D 扫描仪可以第一时间采集到人物或所需物体的 3D 数据，从而简化了设计流程，提高了工作效率，也能给教学带来更形象的演示效果，提升教学质量，如图 4-1-3 所示。同时，学生在计算机上进行虚拟操作，可大大节约学校的教育开支。例如，雕刻专业，将节约数以万计的实物雕刻成本。并且雕刻错误的地方，可以很轻松地进行重置，重新雕琢。

图 4-1-3　3D 扫描技术在教育行业的应用

2. 3D 照相馆

近年来全球兴起的 3D 照相馆项目，无疑掀起了人像 3D 打印的浪潮，有了一台高精度并且带有云端服务的 3D 扫描仪，用户可以轻松制作出精美的缩小版 3D 人像，如图 4-1-4 所示。迎合了市场需求，是传统平面照相馆的完美升级方案。 让客户的形象不再停留在一个面上，达到活灵活现的境界。

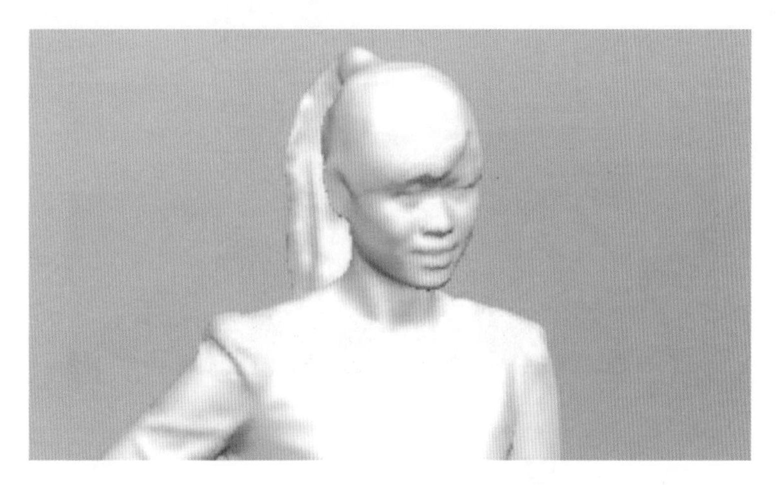

图 4-1-4　3D 扫描技术和 3D 打印技术结合的人像打印

3. 工艺雕刻

传统的工艺品制造需要通过手工雕刻，制作胚体翻模来完成。不仅工期长达数月，而且对师傅的手艺有着很高的考验。有了一台高精度的 3D 扫描仪，就可快速采集已有样本的 3D 数据，进而在 3D 软件中进行修正或创新，最后通过 3D 打印机或雕刻机快速制作出胚体用于翻模，如图 4-1-5 所示。通过高科技手段，大大缩短了开发产品周期，节约了宝贵的时间与开发经费。

图 4-1-5　3D 扫描工艺品进行翻模

4. 家庭应用

3D 扫描仪可以轻松完成物体的数据捕捉，是不会建模的 3D 爱好者的福音，告别烦琐枯燥的建模过程。可以随心所欲地采集想要的一切 3D 模型，包括身边的亲朋好友，或是一个心爱的玩具，如图 4–1–6 所示，享受将实物转换为 3D 模型，再将其打印出来的乐趣。亦可通过此方法增加亲子间的互动与感情，从小培养孩子的创造力与动手能力。

图 4–1–6　扫描玩具获取 3D 数据

5. 动漫游戏

传统的动漫游戏人物建模，是以效果图或照片作为参考，通过平面转立体的方式来构建 3D 模型，进而在 3D 软件 (如 3ds Max、Maya 等) 中一步一步地将人物形象雕刻出来。制作过程漫长，且相似度有限，经常无法达到预期的效果。通过 3D 扫描仪，不仅可以快速完成 3D 游戏人物建模，实现三维游戏中立体模型的快速输入，并且对建模的相似度有着较强的把控，如图 4–1–7 所示。

图 4–1–7　3D 扫描技术在游戏行业中的应用

实 践

请同学们进行分组，根据“认识 3D 扫描技术”项目学习探究活动一览表以及本节所呈现的内容，经过集体讨论，填写“认识 3D 扫描技术”项目研究报告书，如表 4-1-2 所示。

表 4-1-2 “认识 3D 扫描技术”项目研究报告书

项目名称	
项目组成员	
3D 扫描技术的概念	
3D 扫描仪的分类	
应用领域	
项目完成过程中遇到的难题	
克服困难的具体措施	
用一句话概括项目学习感想	

成果交流

完成项目研究报告书后，项目团队成员分工协作，把报告书与大家分享交流，进一步完善项目研究报告书。

思 考

◆ 3D 扫描仪可以实现哪些物体的扫描？它可以应用到哪些领域？

◆ 3D 扫描仪在教育教学中有哪些应用？

活动评价

请同学们根据表 4-1-3 对项目学习效果进行评价。

表 4–1–3　活动评价表

评价内容	个人评价	小组评价	教师评价
知道 3D 扫描技术的概念	□优 □良 □一般	□优 □良 □一般	□优 □良 □一般
知道 3D 扫描仪的分类	□优 □良 □一般	□优 □良 □一般	□优 □良 □一般
了解 3D 扫描技术在行业中的应用	□优 □良 □一般	□优 □良 □一般	□优 □良 □一般

项目二　拍照式 3D 扫描仪的操作

情景导入

化石周围一般包有一层石膏之类的保护套，避免损毁。需要研究的时候，科学家得清除化石周围的石膏等沉积物，但清除过程也存在风险，可能损坏化石。德国科学家通过 3D 扫描技术获取恐龙化石信息，通过 3D 打印技术精确打印出化石模型进行研究，如图 4-2-1 所示。

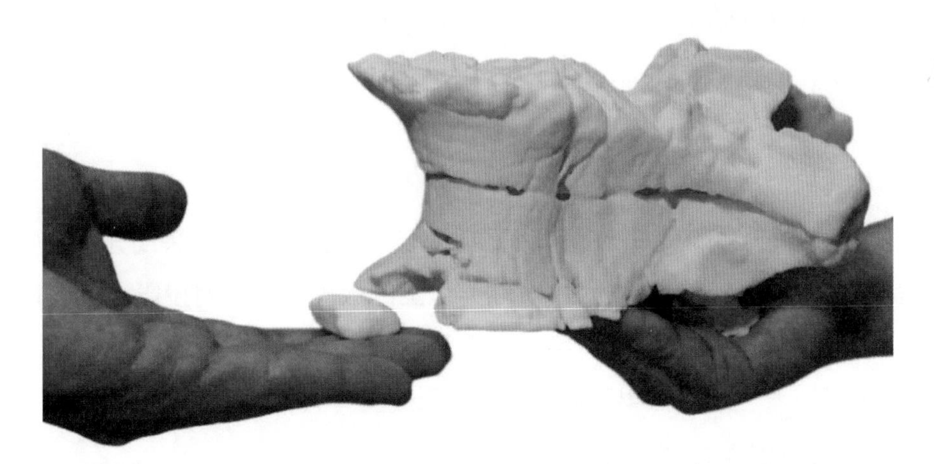

图 4-2-1　通过 3D 扫描技术和 3D 打印技术复制的恐龙化石模型

项目主题

以“恐龙模型扫描”为主题，通过网络搜索、观看视频、分组探讨，对拍照式 3D 扫描仪操作流程分析，知道拍照式 3D 扫描仪的工作原理，掌握拍照式 3D 扫描仪的操作。

项目目标

◆ 知道拍照式 3D 扫描仪的工作原理。

◆ 掌握拍照式 3D 扫描仪的操作。

项目探究

请同学们根据项目内容要求，通过调查和案例分析、文献阅读或网上搜索资料，开展“恐龙模型扫描”项目学习探究活动，如表 4-2-1 所示。

表 4-2-1 “恐龙模型扫描”项目学习探究活动一览表

探究活动	学习内容	知识技能
恐龙模型扫描	分析拍照式 3D 扫描仪工作原理	知道拍照式 3D 扫描仪工作原理
	分析拍照式 3D 扫描仪工作流程	掌握拍照式 3D 扫描仪的操作

问　题

◆ 什么是拍照式 3D 扫描仪?

◆ 拍照式 3D 扫描仪工作过程中需要注意什么?

项目实施

一、认识拍照式 3D 扫描仪

拍照式 3D 扫描仪分为白光和蓝光两种，白光 3D 扫描仪一般采用亮度较高的卤素灯作为投影光源，以及采用像素为 1 500 万以上的数码照相机对投影光栅进行跟踪，在光源处设置光栅投影，光栅投射到物体上时会发生畸变，畸变的数值与初始设置的数值进行对比后，产生 3D 效果及数据，最终形成具有 XYZ 格式的点云数据。

二、3D 扫描仪的软件介绍

双击计算机桌面上的“Winscan”图标，打开 3D 扫描仪控制软件，进入主界面，如图 4-2-2 所示。

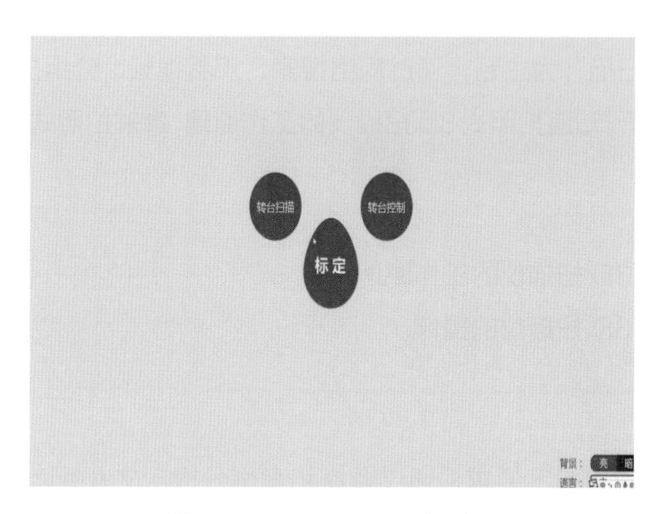

图 4-2-2　Winscan 主界面

三、3D 扫描仪的基本操作

打开 3D 扫描仪控制软件后，3D 扫描仪投射出“初始化”字样的白光，如图 4-2-3 所示，此时 3D 扫描仪进入准备状态。

图 4-2-3　3D 扫描仪进入准备状态

1. 标定系统

在软件主界面中单击“标定”，进入标定界面。将标定板支架 68° 和 75° 之间的两个槽位与转台中间的小圆点对齐，一线放置，如图 4-2-4 所示。

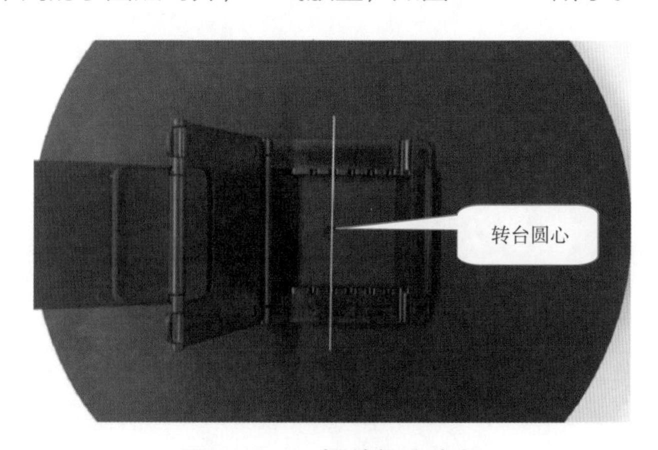

图 4-2-4　摆放标定支架

将标定板支架插入 68° 处，如图 4-2-5 所示。保持处于原位，将标定板如图 4-2-6 所示居中放置。

按提示窗口右上角图例摆放标定板箭头方向；通过调整扫描仪测头角度和标定板支架位置，将标定板放置在转台中心位置并正对测头，保证标定板位于两个照相机视野中间，且整个标定板位于视野范围内；“亮度设置”为 2；单击“开始标定”按钮，3D 扫描仪进入标定状态，如图 4-2-7 所示。

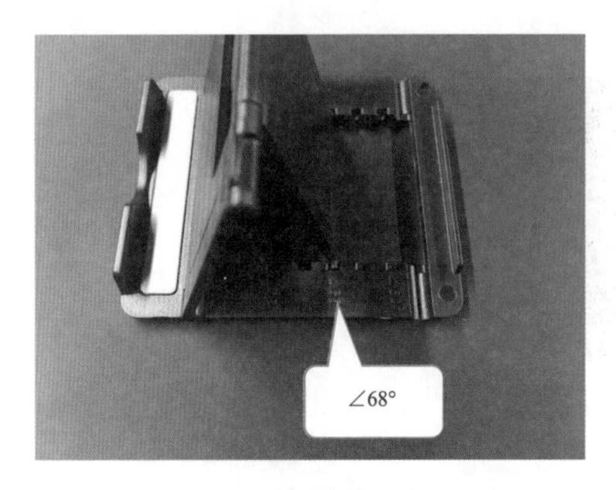

图 4-2-5　将标定板支架插入 68° 处

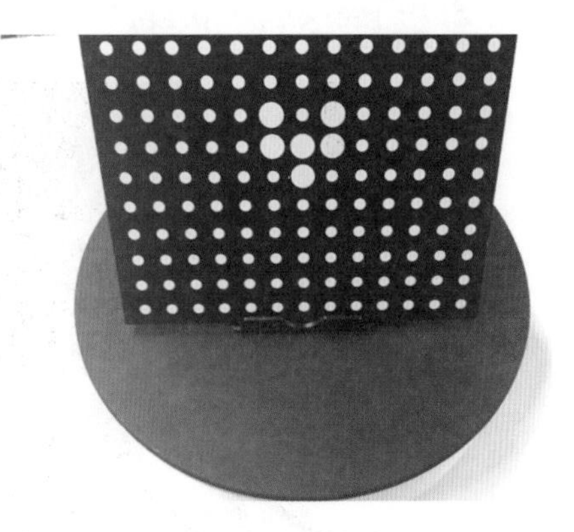

图 4-2-6　摆放标定板

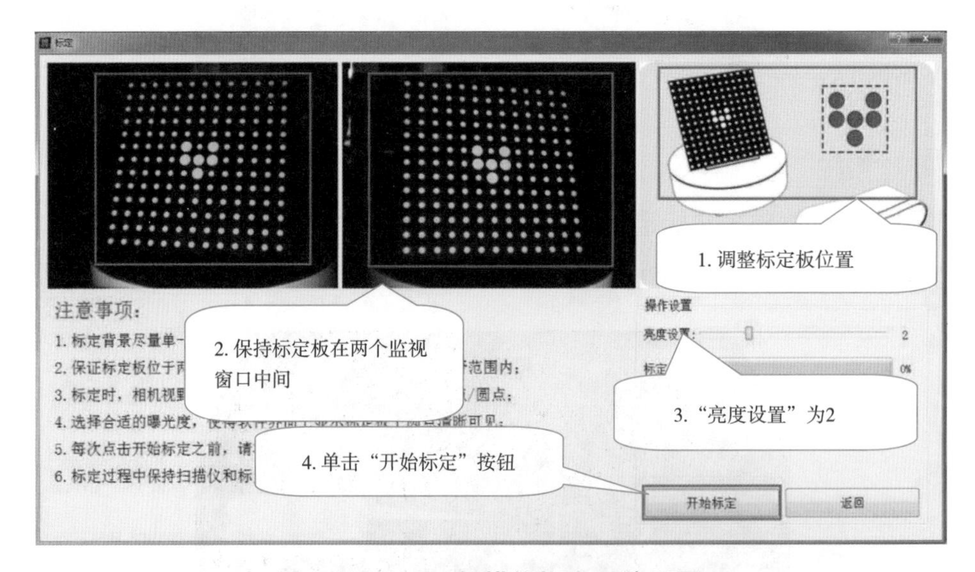

图 4-2-7　3D 扫描仪标定系统设置

当标定进度完成 24% 左右时，显示屏弹出提示“已完成一次图片收集，请按图示照片重新摆放标定板位置”，此时调整标定板摆放位置后单击“确定”→“开始标定”按钮。3D 扫描仪继续进行标定，如图 4-2-8 所示。如此循环操作，直至标定完成。

2. 转台扫描

以恐龙模型为例，将恐龙模型放置在转台中央，在扫描软件主界面中选择 “转台扫描”，如图 4-2-9 所示。

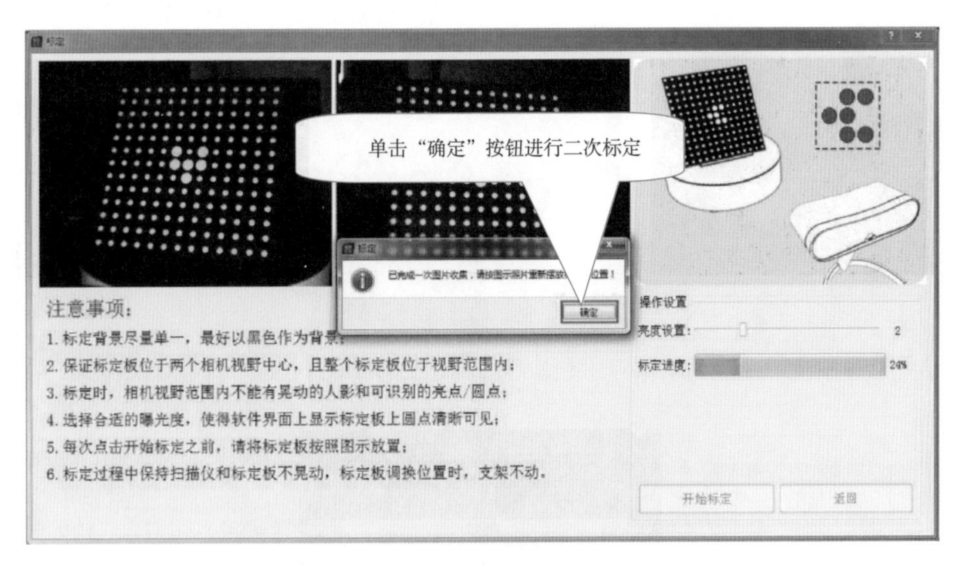

图 4-2-8　提示调整标定板摆放位置

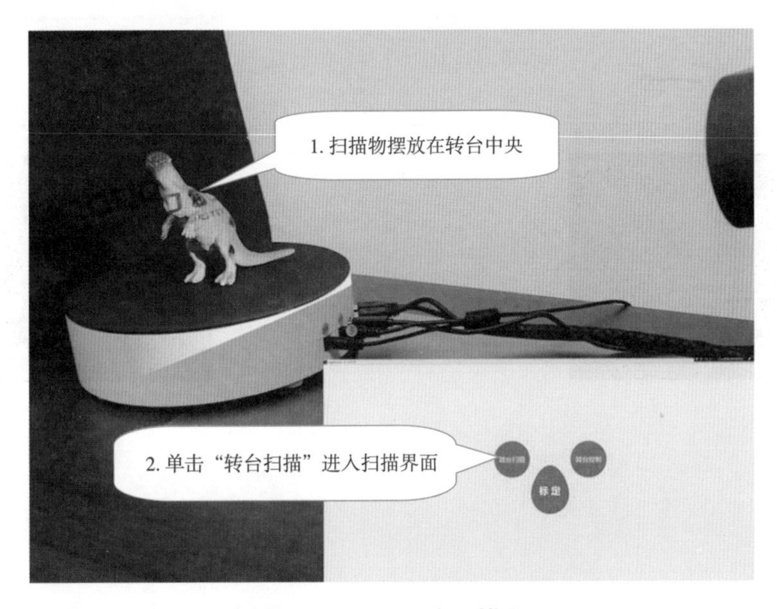

图 4-2-9　摆放扫描物

在弹出窗口中根据需求设置扫描参数，亮度根据环境设置，一般设置为“3”；扫描次数为“8”；细节选择“高”，颜色选择“是”，是否封闭选择“是”，拼接方式选择“特征”，补洞方式选择“曲面”，单击“颜色校准”，颜色校准完后单击“开始扫描”按钮，如图 4-2-10 所示。

3D 扫描仪开始扫描，扫描过程中可通过软件观察扫描情况，如图 4-2-11 所示。

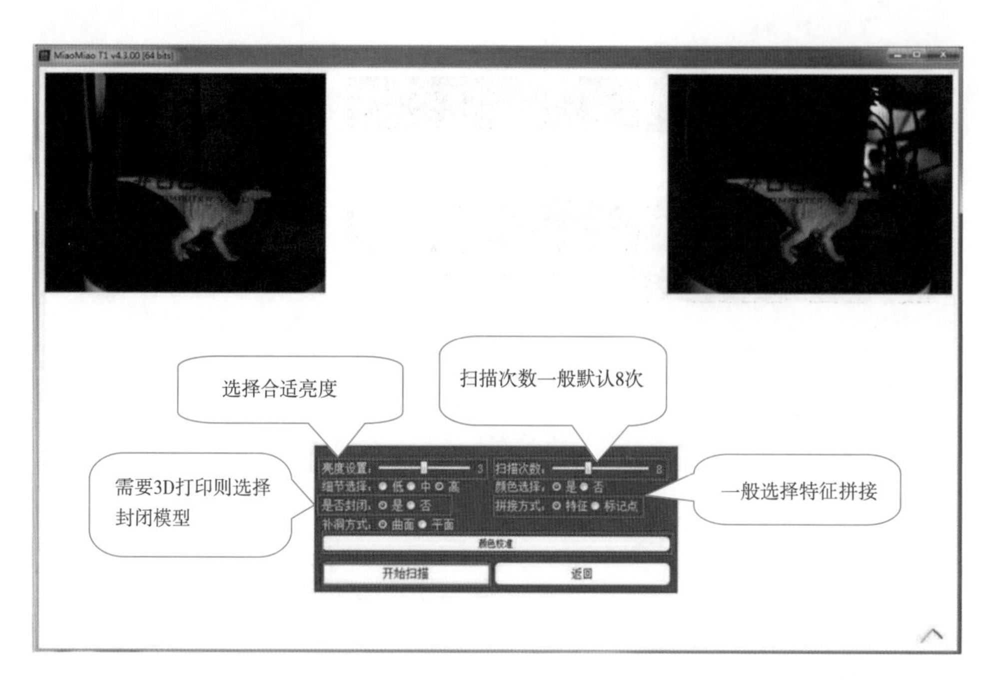

图 4-2-10　扫描参数设置

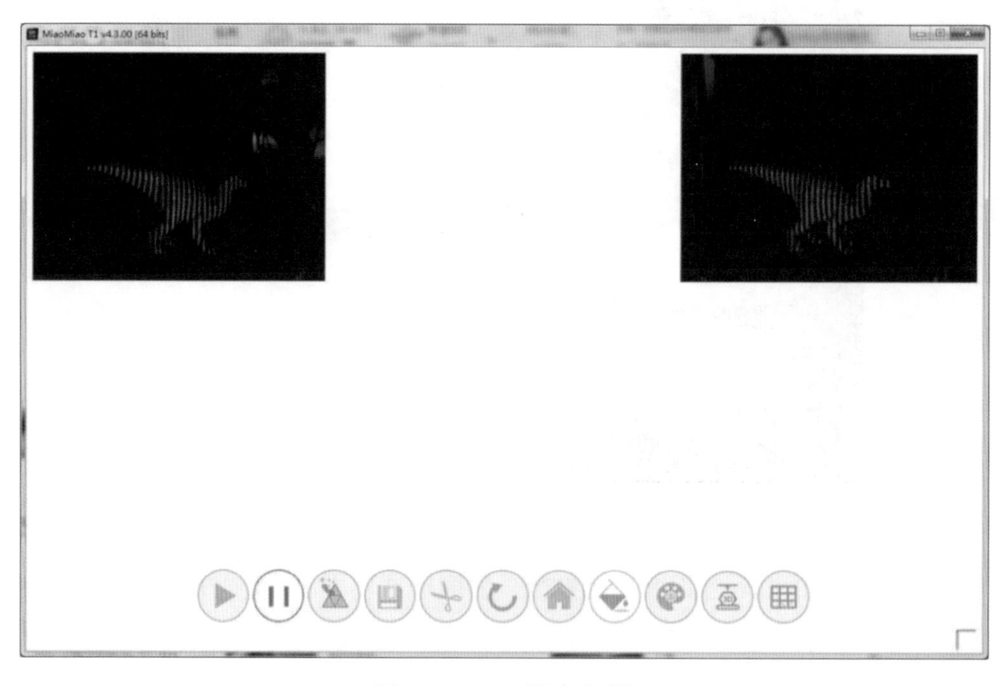

图 4-2-11　正在扫描

出现图 4-2-12 所示提示时，说明已经完成一次扫描，此时可以调整转台上的物体摆放角度，如图 4-2-13 所示，单击“确定”按钮，再单击▶按钮开始补充扫描。

图 4-2-12 开始补充扫描

图 4-2-13 调整扫描物摆放角度

完成补充扫描后，两次数据将会自动拟合。检查数据是否完整。如果完整则单击“取消”按钮，如果数据还有部分缺失，则继续扫描，一般物体只需扫描两次，如图 4-2-14 所示。

图 4-2-14 提示是否继续补充扫描

单击“生成网格”按钮，软件将自动封装数据，如图 4-2-15 所示。

图 4-2-15 将模型生成网格

网格化完成后，单击“补洞”按钮，对数据进行补洞处理，如图 4-2-16 所示。根据残缺的部分选择补洞方式，残缺处为曲面则选择“曲面”，若封闭一个平面则选择“平面”，如图 4-2-17 所示。

图 4-2-16　模型自动补洞

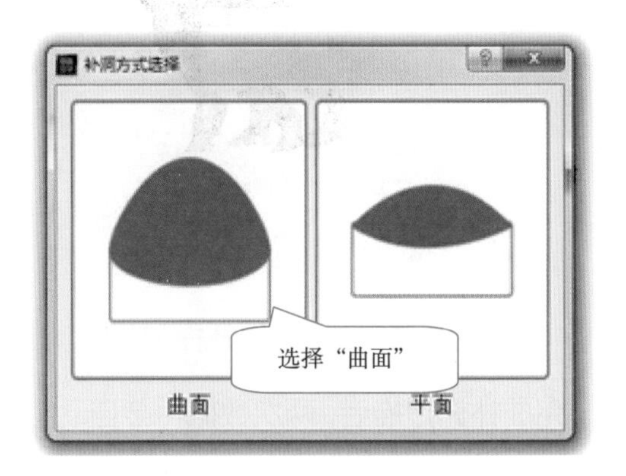

图 4-2-17　选择补洞方式

单击“网格优化”，对数据再次进行处理，可根据实际需求选择网格优化方式，这里选择“中”。“低”表示此操作后物体表面较为平滑；“中”表示此操作后物体表面略粗糙，如图 4-2-18 所示。

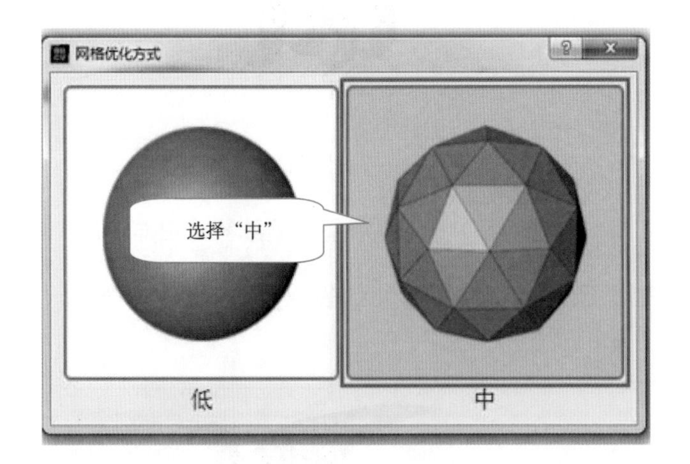

图 4-2-18　网格优化方式

数据完成处理后，单击“保存”按钮，按不同的需要选择导出相应数据，一般选择“导出网格”，如图 4-2-19 所示。

选择保存位置，输入文件命名，选择保存格式，最后单击“保存”按钮，如图 4-2-20 所示。

保存完成后，如不再需要扫描数据，单击“确定”按钮清空数据，如图 4-2-21 所示。

图 4–2–19　保存数据方式

图 4–2–20　保存数据到本地

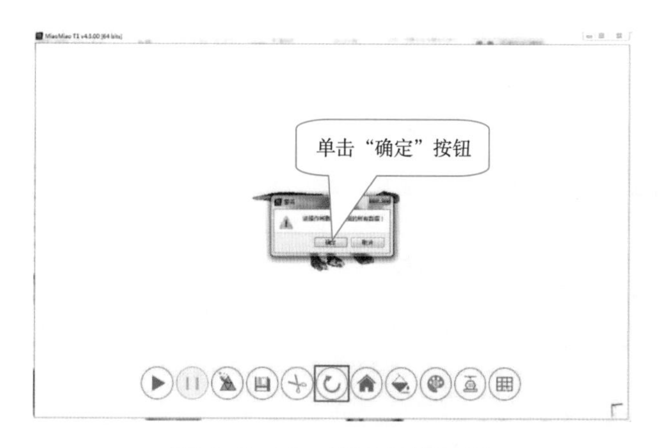

图 4–2–21　清空扫描数据

3. 扫描注意事项

（1）扫描环境要求

3D 扫描仪使用时，尽量不要放置在强光源下（如太阳光、射灯、频闪的灯等）。

避免周围光干扰【包括强光照射、光照变化（如走动）】，正常的室内 LED 光环境可以正常使用。如果太阳光强，尽量拉上窗帘或是放置在背光一侧，请勿放在落地窗下使用。

（2）扫描背景要求

标定和扫描过程，尽量保证扫描仪拍摄视野场景稳定，没有人走动， 不要有反光高亮物品，黑色背景为最佳。

（3）扫描物品要求

对于黑色、高亮高反光、透明等物品，如需扫描，需喷反差增强剂后再进行扫描。因扫描仪幅面固定不能调整，故不适合扫描小细节的物品，也不适合扫描镂空件和大景深物品。

（4）扫描稳定要求

请将扫描仪和转台放置在稳定的平台上工作，避免平台晃动。物品应放置在转台的中心，在转台转动过程中需保证物品不会晃动或是发生位移，否则需重新进行扫描。

（5）扫描标定要求

凡是转台移动、扫描仪发生位移、扫描仪角度变动都需要重新标定才能继续扫描。

实 践

①请同学们参照第二章学习的内容，对扫描的模型进行打印。

②请同学们进行分组，根据“恐龙模型扫描”项目学习探究活动一览表以及本节所呈现的内容，经过集体讨论，填写“恐龙模型扫描”项目研究报告书，如表 4-2-2 所示。

表 4-2-2 “恐龙模型扫描”项目研究报告书

项目名称	
项目组成员	
拍照式 3D 扫描仪的工作原理	
拍照式 3D 扫描仪的工作流程	
最终扫描模型的 stl 文件缩略图	
项目完成过程中遇到的难题	
克服困难的具体措施	
用一句话概括项目学习感想	

成果交流

完成项目研究报告书后，项目团队成员分工协作，把报告书与大家分享交流，进一步完善项目研究报告书。

思　考

拍照式扫描仪与手持扫描仪在操作上有哪些区别？它们分别适用于哪些扫描情形？

拍照式扫描与物体摆放角度有关系吗？

活动评价

请同学们根据表 4-2-3 对项目学习效果进行评价。

表 4-2-3　活动评价表

评价内容	个人评价	小组评价	教师评价
知道拍照式 3D 扫描仪的工作原理	□优 □良 □一般	□优 □良 □一般	□优 □良 □一般
掌握拍照式 3D 扫描仪的操作	□优 □良 □一般	□优 □良 □一般	□优 □良 □一般

学习视频

标定及扫描过程

项目三　手持式 3D 扫描仪的操作

情景导入

时下，婚纱照绝大部分采用 2D 照片的形式。试想一下，婚礼上出现一组 3D 立体婚纱照，是多么的时尚、新潮。立体婚纱照离不开 3D 扫描仪与 3D 打印机的运用：3D 扫描仪获取人体数据；3D 打印机将数据模型转化成立体实物。这两者的配合将人体进行一种复制，最后经过后期处理，一个个完美的3D 婚纱照矗立在眼前，如图 4-3-1 所示。

图 4-3-1　3D 打印的立体婚纱照

项目主题

以“人像扫描”为主题，通过网络搜索、观看视频、分组探讨，对手持式 3D 扫描仪操作流程进行分析，知道手持式 3D 扫描仪工作原理，掌握手持式 3D 扫描仪的操作方法。

项目目标

◆ 知道手持式 3D 扫描仪的工作原理。

◆ 掌握手持式 3D 扫描仪的操作方法。

项目探究

请同学们根据项目内容要求，通过调查和案例分析、文献阅读或网上搜索资料，开展“人像扫描”项目学习探究活动，如表 4-3-1 所示。

表 4-3-1 “人像扫描”项目学习探究活动一览表

探究活动	学习内容	知识技能
人像扫描	分析手持式 3D 扫描仪工作原理	知道手持式 3D 扫描仪工作原理
	分析手持式 3D 扫描仪工作流程	掌握手持式 3D 扫描仪的操作

问　题

◆ 什么是手持式 3D 扫描仪？

◆ 手持式 3D 扫描仪工作过程中需要注意什么？

项目实施

一、认识手持式 3D 扫描仪

手持式激光 3D 扫描仪与拍照式 3D 扫描仪的差别在于将光栅介质改为激光光线，激光聚焦效果好，光线粗细变化量非常小，在近距离几乎无法感知这类变化，所以当一条非常直的激光光线投射到物体上时，发生的变化也几乎可以忽略不计，当激光光线接触到物体表面时产生畸变，内置的摄像头记录变化，与初始值进行对比，产生 3D 数据，最终的结果也会以点云的方式呈现。

二、3D 扫描仪的软件介绍

3D 扫描仪连接笔记本式计算机，双击桌面 Sense 图标，启动 3D 扫描仪软件并进入主菜单。3D 扫描仪有两种扫描模式：人体和对象，如图 4-3-2 所示。根据扫描需求，选择不同的扫描模式。

图 4-3-2　人像模型和对象模式

1. 人体模式

人体模式分为头和全身两种形式，头适合扫描人体上半身模型，全身则能扫描到人体全身，如图 4-3-3 所示。

图 4-3-3 人体扫描模式

2. 对象模式

对象模式一般是用来扫描物件，分为小型对象、中等对象、大型对象三种，如图 4-3-4 所示，根据扫描对象选择。

图 4-3-4 对象扫描模式

三、3D 扫描仪的基本操作

1. 3D 扫描仪操作

本节以人体模式的“头”为例进行操作示范，选择好扫描模式后，软件进入扫描界面，如图 4-3-5 所示。调整 3D 扫描仪与被扫描物体之间的距离，使扫描监视窗口的目标环放在被扫描物件中心，尽量保持扫描仪平稳。

单击“开始扫描”按钮，会在 3 s（屏幕中间有时间倒数显示）之后进行扫描，如图 4-3-6 所示。

在扫描过程中，人体与 3D 扫描仪距离尽量保持不变，然后调整 3D 扫描仪的角度，缓慢绕着人体进行扫描，如图 4-3-7 所示。可以随时通过单击“暂停扫描 / 继续扫描”按钮暂停或继续扫描操作。

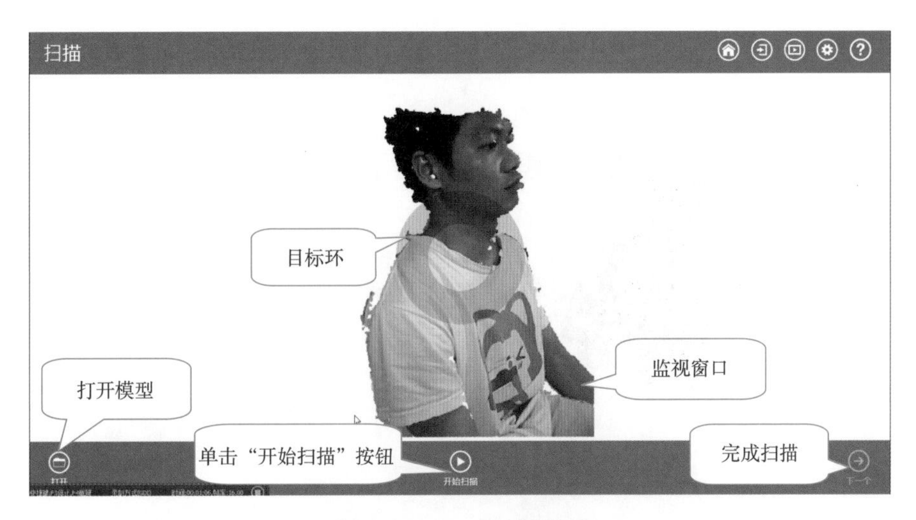

图 4-3-5　扫描界面

图 4-3-6　开始扫描前倒数

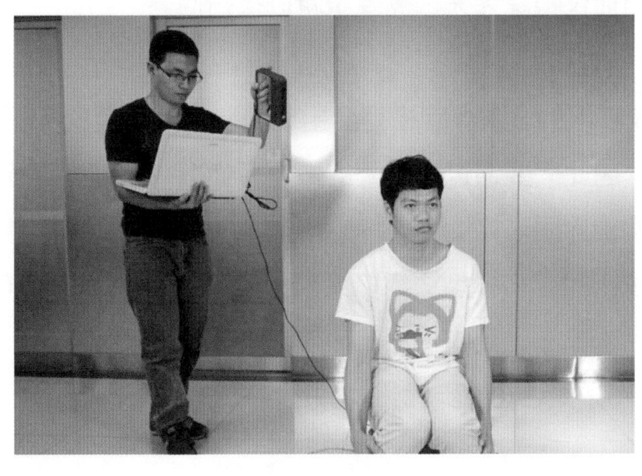

图 4-3-7　缓慢绕着人体进行扫描

扫描结束后，单击“下一个”按钮完成扫描，并进行模型相应编辑，如图 4-3-8 所示。

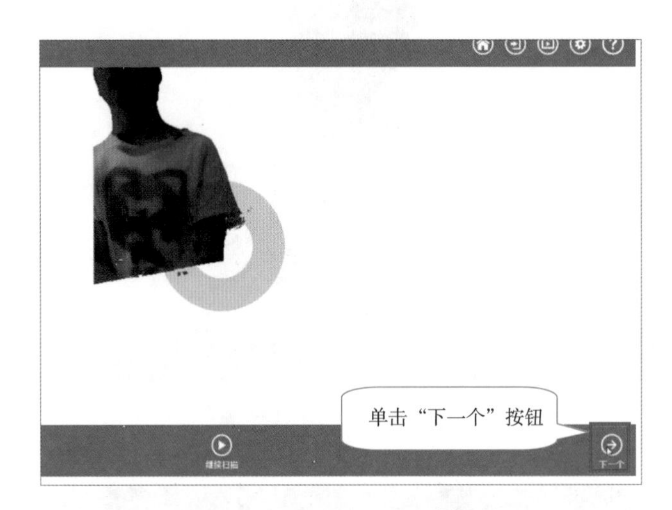

图 4-3-8　进入下一步操作

2. 扫描注意事项

（1）角度调整

尽量使被扫描物件的面与扫描仪三个镜头垂直。

（2）光线要求

最好在室内进行扫描，不要在太阳光下进行扫描，光线尽可能均匀，不要在暖色光下进行扫描，采用白光灯进行补光。

（3）扫描速度和距离

扫描过程中应缓慢调整扫描仪的角度和位置，距离尽可能保持不变。速度过快或距离过远，会导致扫描仪跟踪丢失，需要重新进行扫描。

四、3D 扫描的后期与打印

通过 3D 扫描仪获取的 3D 数字模型会出现一些不可避免的数据误差，尤其扫描一些外形复杂的物品，因此需要通过一系列的数据后处理，才能得到最终 3D 模型。扫描结束后，进入模型编辑界面，如图 4-3-9 所示。

单击“擦除”按钮，将模型边缘多余部分擦除，如图 4-3-10 所示。

细心擦除模型后，单击“实体化”按钮，模型自动进行补洞，形成封闭模型。单击“下一个”按钮，对模型进一步优化，如图 4-3-11 所示。增强界面如图 4-3-12 所示。

图 4-3-9 模型编辑界面

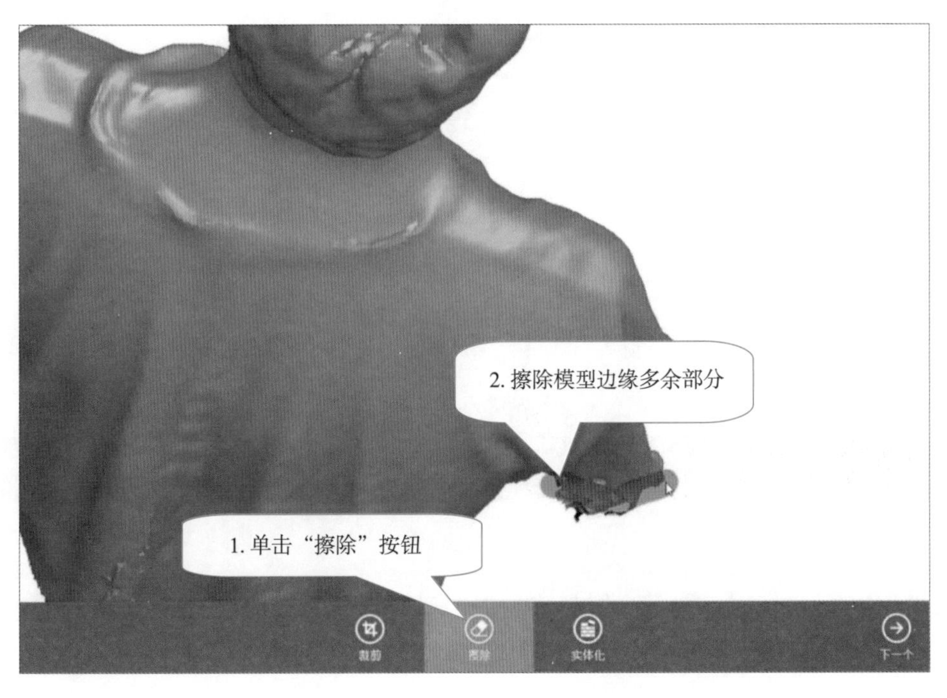

图 4-3-10 “擦除”工具使用

图 4-3-11　模型实体化

图 4-3-12　增强界面

单击“修改”按钮，对模型的棱角部位进行圆滑处理，如图 4-3-13 所示。单击“下一个”按钮，进入共享界面，如图 4-3-14 所示。

模型通过一系列后期处理，单击“保存”按钮，保存扫描模型，方便日后修改或打印。

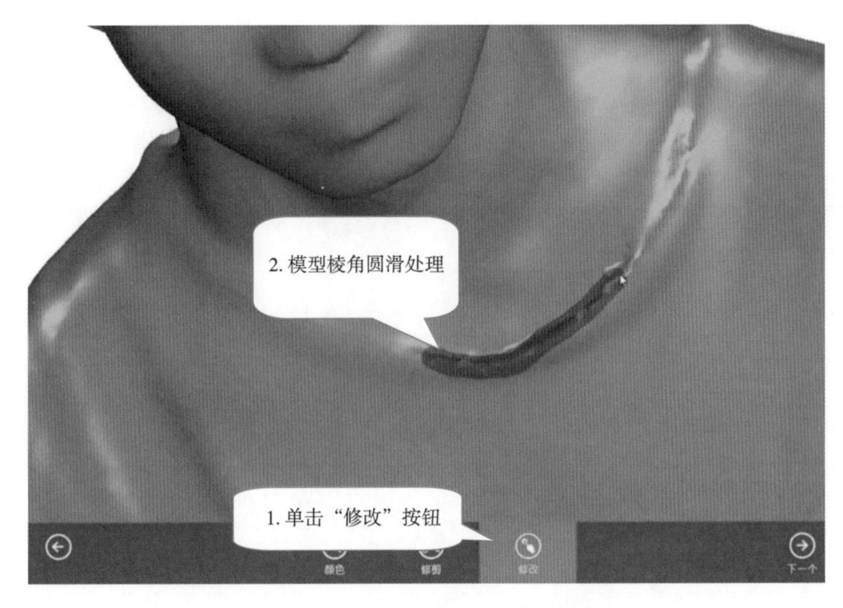

图 4-3-13　“修改”工具使用

图 4-3-14　共享界面

实　践

以小组为单位，参照本节内容，相互扫描组员上半身人像，获取数字模型信息。根据第二章所学内容，通过 FDM 3D 打印机打印出人像。

成果交流

请同学们进行分组，根据“人像扫描”项目学习探究活动一览表以及本节所呈现的内容，经过集体讨论，填写“人像扫描”项目研究报告书，如表 4-3-2 所示。

表 4-3-2 “人像扫描”项目研究报告书

项目名称	
项目组成员	
手持式 3D 扫描仪工作原理	
手持式 3D 扫描仪工作流程	
最终扫描模型的 stl 文件缩略图	
项目完成过程中遇到的难题	
克服困难的具体措施	
用一句话概括项目学习感想	

完成项目研究报告书后，项目团队成员分工协作，把报告书以实物、投影的形式呈现，并与大家分享交流，进一步完善项目研究报告书。

思 考

◆ 手持式 3D 扫描仪的工作原理是什么？它扫描的质量是否会受光线影响？

◆ 手持式 3D 扫描仪是否受扫描速度和距离的影响？

活动评价

请同学们根据表 4-3-3，对项目学习效果进行评价。

表 4-3-3 活动评价表

评价内容	个人评价	小组评价	教师评价
知道手持式 3D 扫描仪的工作原理	□优 □良 □一般	□优 □良 □一般	□优 □良 □一般
掌握手持式 3D 扫描仪的操作方法	□优 □良 □一般	□优 □良 □一般	□优 □良 □一般

4D 扫描技术下的交互式模型

在打印界，比 3D 打印质量更高的是 4D 打印，在扫描界，比 3D 扫描更先进的是 4D 扫描。

一家位于伦敦的科技公司，专为制片方、虚拟现实技术开发商等相关客户提供容积捕获服务。最近，他们正在开发一项 4D 捕获技术，目前该技术处于最前沿，该公司已经取得了一些重要成果。

在互联网上查看 3D 模型时，需要单击它们，拖动鼠标，进行 360° 观看，但 4D 扫描出来的模型却是自己可以动的（https://sketchfab.com/models/1862e5f23e294d5ab713647770afab3b/embed）。我们可以看到，在拖动过程中，人物一直在眨着眼睛，如图 4-3-15 所示。

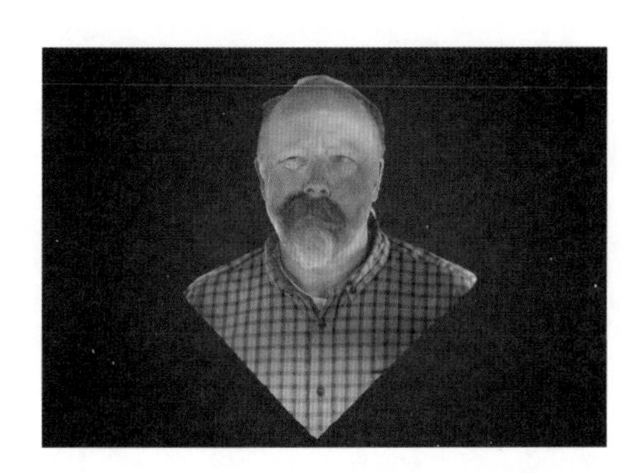

图 4-3-15　4D 扫描技术下的交互式模型

据悉，在制作过程中，需要用到 53 个高速运动照相机，外加处于试验期的拍摄技术，当然还包括该公司开发的软硬件，如图 4-3-16 所示。目前展示出来的成果还只是一小部分，但其对于扫描、模拟以及虚拟现实的意义巨大无比。

图 4-3-16　4D 扫描场景图

手持式 3D 扫描仪使用流程

手持式 3D 扫描仪模型基本编辑

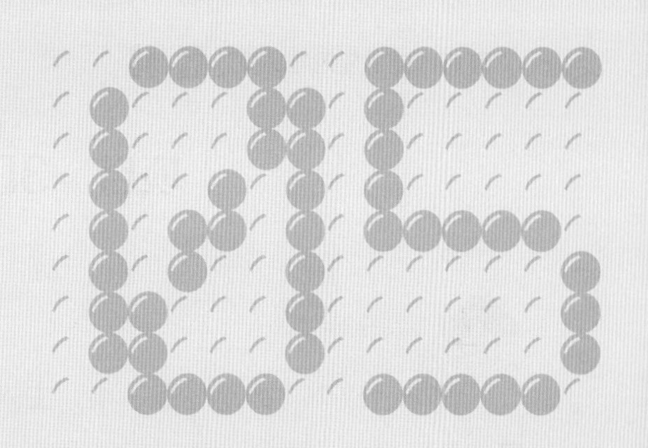

第五章　3D 打印笔应用

通过前面四章内容的学习基本掌握了 3D 打印机和 3D 扫描仪的使用方法。

本章以“3D 打印笔应用”为主题，基于 STEAM 教育理念，开展自主学习、协作学习和探究式项目学习，了解 3D 打印笔的结构与基本工作原理；通过绘制小鸭子、3D 眼镜、小房子等实践操作，掌握 3D 打印笔使用方法和使用技巧。从而，将知识建构、技能培养与思维发展融入运用数字化工具解决问题和完成任务的过程中，促进学科核心素养的养成，完成项目学习目标。

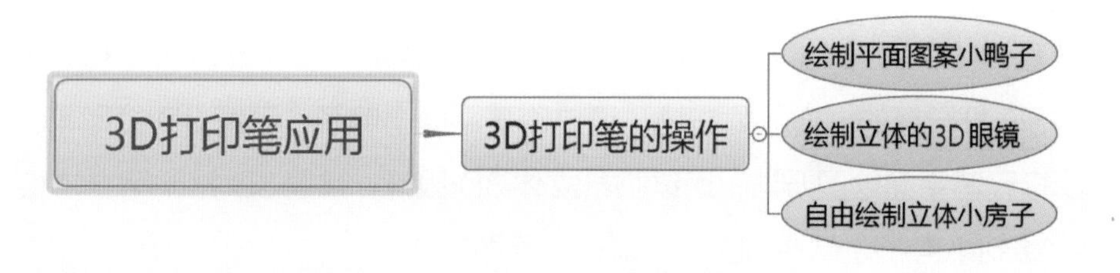

项目　3D 打印笔的操作

情景导入

在神话故事《神笔马良》中，主人公马良得到了一支神笔。他用这支神笔画鸟，鸟就在天上飞；画鱼，鱼就在水中游，如图 5-1-1 所示。后来，马良用自己的本领自由自在地为穷苦的乡亲们画画，画出他们所需要的东西：犁耙、耕牛、水车、石磨……如今也有这么一支“神笔”，能画出人们需要的东西：自行车、房子、电视机、眼镜……

图 5-1-1　马良用“神笔”画鱼

项目主题

以“3D 打印笔的操作”为主题，通过临摹平面小鸭子，了解 3D 打印笔工作原理，掌握 3D 打印笔平面绘图方法；通过临摹立体 3D 眼镜，掌握 3D 打印笔立体绘图方法；通过自由绘制小房子，掌握 3D 打印笔自由绘图方法。

项目目标

- 知道 3D 打印笔的工作原理。
- 掌握 3D 打印笔平面绘图方法。
- 掌握 3D 打印笔立体绘图方法。
- 掌握 3D 打印笔自由绘图方法。

项目探究

根据项目内容要求，通过调查和案例分析、文献阅读或网上搜索资料，开展“3D 打印笔操作”项目学习探究活动，如表 5-1-1 所示。

表 5-1-1 “3D 打印笔操作”项目学习探究活动一览表

探究活动	学习内容	知识技能
3D 打印笔操作	分析 3D 打印笔概况和工作原理	了解 3D 打印笔工作原理
	绘制平面小鸭子	掌握 3D 打印笔平面绘图方法
	绘制立体 3D 眼镜	掌握 3D 打印笔立体绘图方法
	绘制立体小房子	掌握 3D 打印笔自由绘图方法

问　　题

◆ 3D 打印笔的工作原理是什么?

◆ 3D 打印笔有哪几种绘图方法?

项目实施

一、绘制平面图案小鸭子

1. 3D 打印笔概况

3D 打印笔是一支具有 3D 打印功能的笔。利用 PLA、ABS 等塑料，3D 打印笔可以在任何表面“书写”，甚至可以直接在空气中作画。它无须计算机或计算机软件支持，只要插上电，就可以开始奇妙创作，如图 5-1-2 所示。

图 5-1-2　3D 打印笔绘制立体模型

2. 3D 打印笔工作原理

3D 打印笔是基于 3D 打印原理，挤出热融的塑料，然后在空气中迅速冷却，最后固化成稳定的状态。3D 打印笔的构造如图 5-1-3 所示。

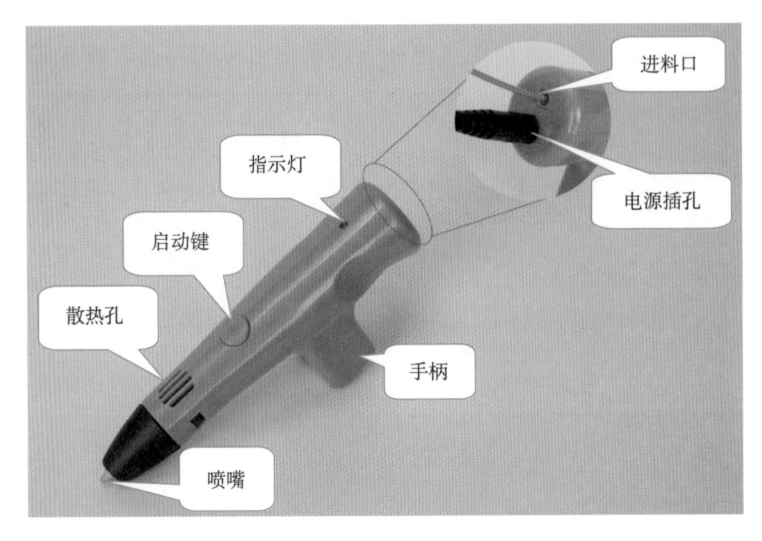

图 5-1-3　3D 打印笔的构造

3. 3D 打印笔绘图准备

3D 打印笔和 3D 打印机一样，在打印（绘图）前需要做一些准备工作，如防护、通电、预热、进料等。

（1）防护

安装 3D 打印笔的笔头隔热套，防止在操作过程中烫伤，如图 5-1-4 所示。

图 5-1-4　笔头隔热套

（2）通电

将电源线连接 3D 打印笔，如图 5-1-5 所示。供电可使用手机适配器（充电器）

或充电宝，如图 5-1-6 所示。

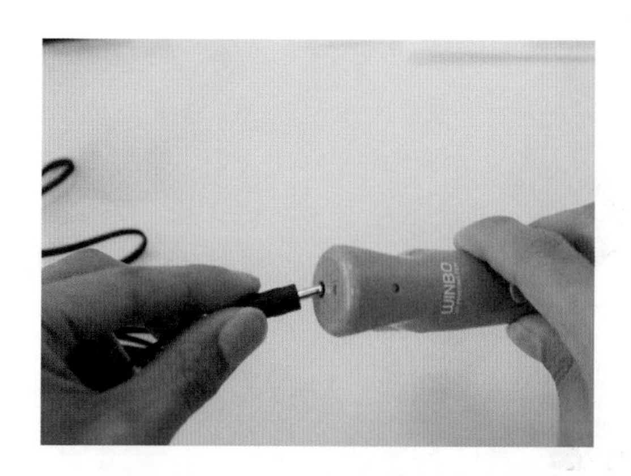

图 5-1-5　3D 打印笔插上电源线

图 5-1-6　使用充电宝供电

（3）预热

3D 打印笔接通电源后，将会自动进入待机状态，指示灯为红灯闪烁。按下启动键，指示灯转为红色长亮，进入预热状态，如图 5-1-7 所示。待红色闪烁灯变为绿色长亮，说明 3D 打印笔预热完毕，如图 5-1-8 所示。

图 5-1-7　红灯长亮代表预热中

图 5-1-8　绿灯长亮代表预热完毕

（4）进料

材料线头插入进料孔，按住启动键不放，等待喷嘴均匀出料，如图 5-1-9 所示。

（5）退料

在 20 min 内不使用 3D 打印笔，建议将材料退出，否则长时间加热情况下容易堵塞 3D 打印笔。2 s 内连续按启动键 3 次材料即可退出。

4．3D 打印笔多功能键

3D 打印笔的所有操作都可以通过启动键实现，具体操作如表 5-1-2 所示。

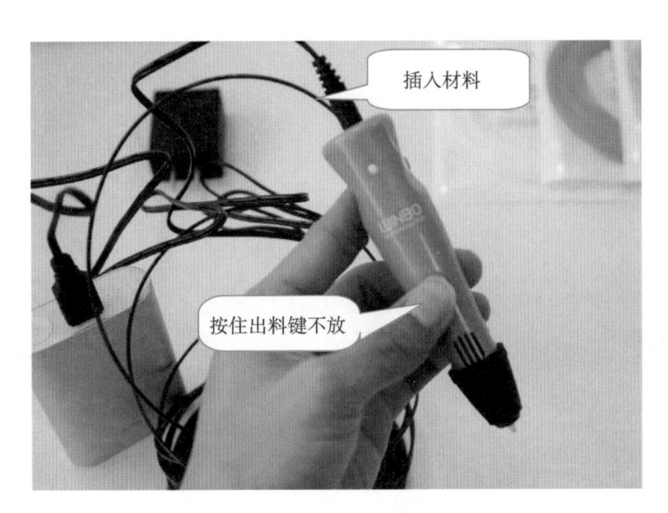

图 5–1–9　3D 打印笔进料

表 5–1–2　启动键功能一览表

功　能	动　作	效　果	停　止
手动出料	按下启动键不放	出料打印	放开启动键
自动出料	2 s 内连续按启动键 2 次	连续打印 10 min	按启动键 1 次
退料	2 s 内连续按启动键 3 次	退料 20 s	按启动键 1 次

5. 绘制 2D 平面小鸭子

在小鸭子纸膜上面放置一块玻璃垫板，也可以是亚克力板、PVC 垫板，如图 5–1–10 所示。

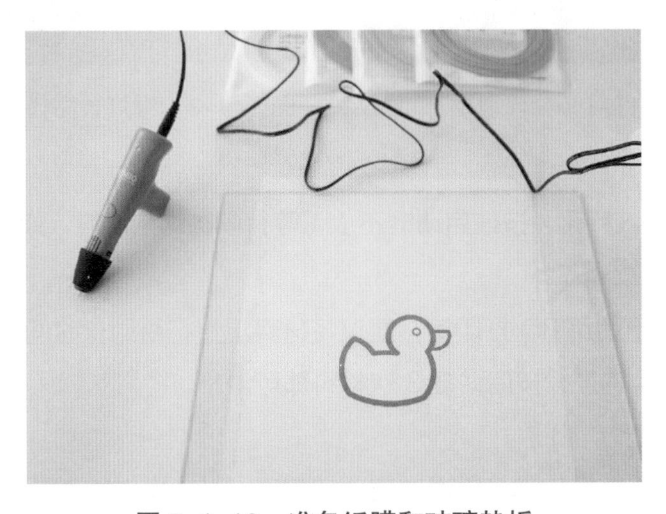

图 5–1–10　准备纸膜和玻璃垫板

3D 打印笔笔头贴合垫板表面，按启动键不放，沿着小鸭子的轮廓进行描边。描绘过程中控制好速度，速度要缓慢平稳，材料才能更好地黏附在垫板上。描完第一次边后，在原来的基础上进行第二次、第三次描边，这样小鸭子的框架更为牢固，如图 5–1–11 所示。

图 5–1–11　轮廓描边

更换黄色材料，将笔头的余料完全挤出，如图 5–1–12 所示。以线条形式填充鸭子身子，如图 5–1–13 所示。

图 5–1–12　换色后挤料

图 5–1–13　身子填充

更换橙色材料，将笔头的余料完全挤出，如图 5–1–14 所示。以线条形式填充鸭子嘴巴，如图 5–1–15 所示。

绘图完毕后，沿鸭子边缘掀起，完成鸭子的绘制，如图 5–1–16 所示。

图 5-1-14　换色后挤料

图 5-1-15　嘴巴填充

图 5-1-16　完成绘制

二、绘制立体的三维眼镜

1. 纸膜临摹

在 3D 样机纸膜上放置玻璃垫板，3D 打印笔预热完成后装上材料。笔头贴合玻璃垫板，沿着眼镜脚轮廓描绘，如图 5-1-17 所示。描绘后进行眼镜脚内部填充，如图 5-1-18 所示。

同理，绘制出另外一根眼镜脚套和眼镜架，如图 5-1-19 所示。临摹完毕后，将眼镜架和两根眼镜脚掀起，进入下一步处理。

2. 平面拼接 3D 模型

取出一根眼镜脚和眼镜架，使它们紧贴在一起，使用 3D 打印笔在它们连接处涂抹材料，使之连接，如图 5-1-20 所示。检查是否连接牢固，如果不牢固，可继续添加材料。

图 5-1-17　眼镜脚描边

图 5-1-18　眼镜脚填充

图 5-1-19　绘制眼镜脚和眼镜架

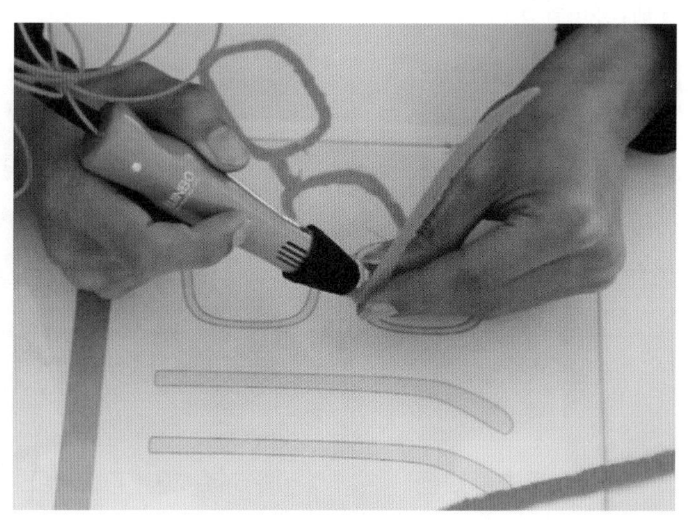

图 5-1-20　连接眼镜架和眼镜脚

同理拼接另外一根眼镜脚，连接好后，可用剪钳修剪眼镜边缘的毛刺，使眼镜更为圆滑。完成 3D 眼镜绘制，如图 5–1–21 所示。

图 5–1–21　3D 眼镜

三、自由绘制立体小房子

当熟练了 3D 打印笔的操作，掌握绘制手感，就可以进行自由创作了。

1. 绘制小房子基本框架

用 3D 打印笔自由绘制立体模型，首先需要描绘出模型的基本框架。以小房子为例。在玻璃垫板上画一个正方形线框，如图 5–1–22 所示。掀起线框，使线框与垫板垂直，以垫板为平面，在原来线框基础上描绘出第二个正方形，如图 5–1–23 所示。依此类推，完成立方体线框绘制，如图 5–1–24 所示。

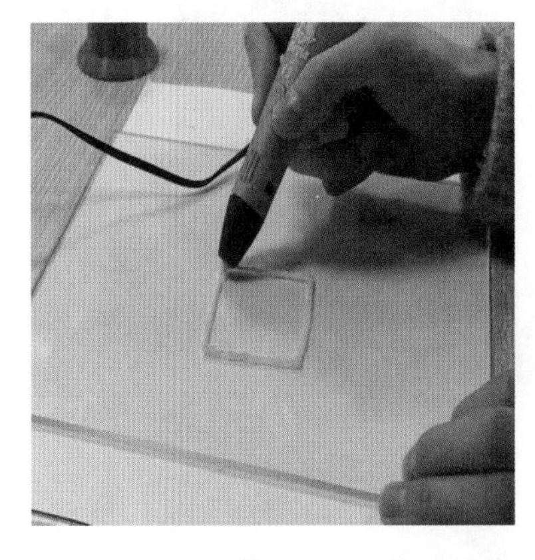

图 5–1–22　第一个正方形线框

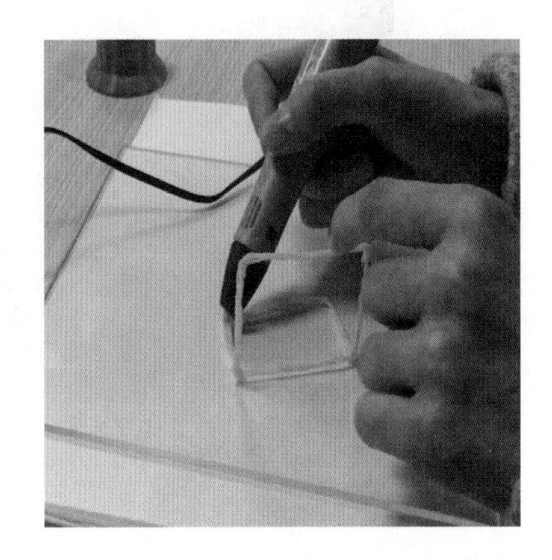

图 5–1–23　第二个正方形线框

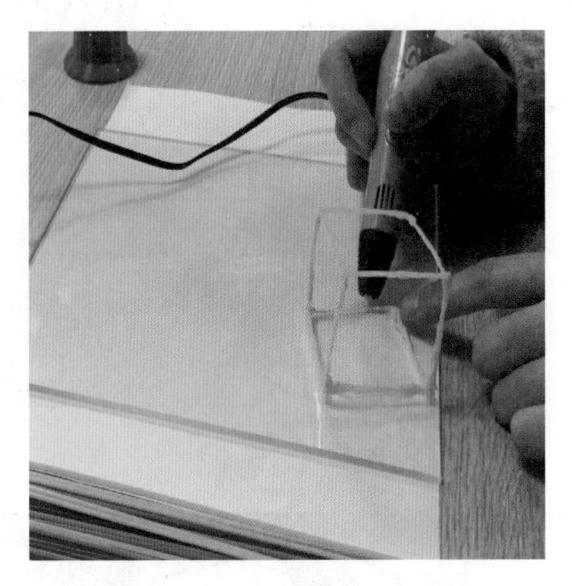

图 5-1-24 绘制出立方体线框

将立方体线框任意一边贴合垫板，倾斜 45°，在边上画一个三角形。将正方体反转，倾斜 45°，绘制第二个三角形，两个三角形顶点为共点，如图 5-1-25 所示。小房子的基本框架绘制完毕，如图 5-1-26 所示。

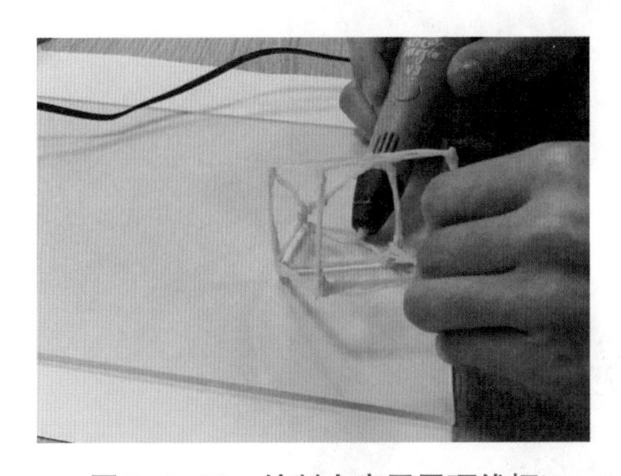

图 5-1-25 绘制小房子屋顶线框

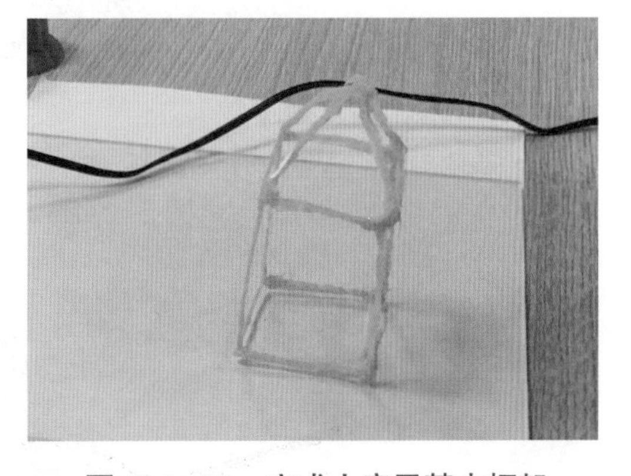

图 5-1-26 完成小房子基本框架

2. 填充小房子墙壁房顶

选择喜欢的颜色，对房顶进行填充，类似平面作图，只需在两根线间来回绘制直线即可，如图 5-1-27 所示。

选择与房顶不同的颜色，对小房子的主体进行填充，如图 5-1-28 所示。

完成小房子的绘制，如图 5-1-29 所示。

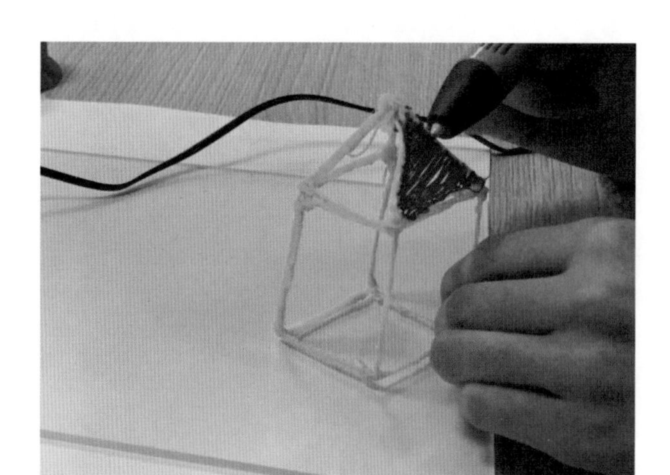

图 5–1–27　屋顶填充

图 5–1–28　小房子主体填充

图 5–1–29　完成小房子的绘制

实　践

同学们选择下面任意一款纸膜，如图 5-1-30 所示。参照本章所学内容，利用 3D 打印笔，自主完成模型绘制。

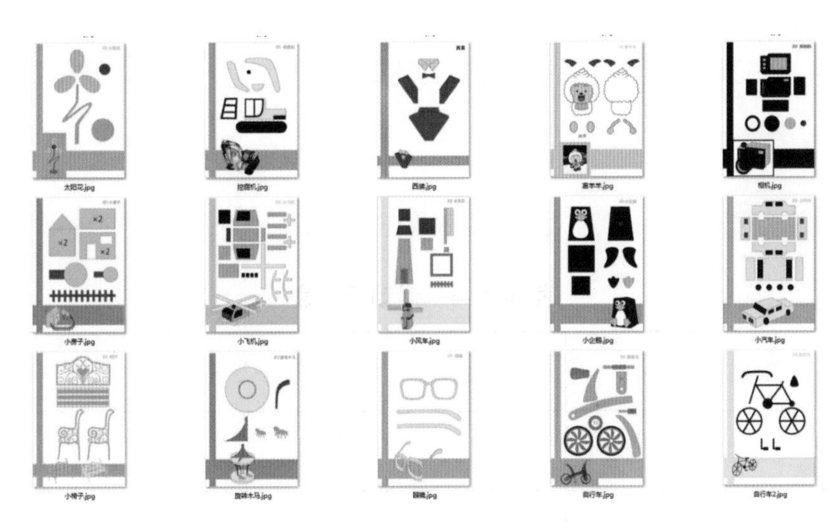

图 5-1-30　3D 打印笔纸膜项目选题

成果交流

请同学们进行分组，根据“3D 打印笔操作”项目学习探究活动一览表以及本节所呈现的内容，经过集体讨论，填写“3D 打印笔”项目研究报告书，如表 5-1-3 所示。

表 5-1-3　“3D 打印笔”项目研究报告书

项目名称	
项目组成员	
3D 打印笔工作原理	
所选纸膜	
纸膜绘制完成实物图	
项目完成过程中遇到的难题	
克服困难的具体措施	
用一句话概括项目学习感想	

完成项目研究报告书后，项目团队成员分工协作，把报告书与大家分享交流，进一步完善项目研究报告书。

思　考

◆ 3D 打印笔绘图前做哪些工作准备？在其进料和出料时要注意哪些事项?

◆ 能用 3D 打印笔绘出生活中的哪些物体或情景？

活动评价

请同学们根据表 5-1-4 对项目学习效果进行评价。

表 5-1-4　活动评价表

评价内容	个人评价	小组评价	教师评价
了解 3D 打印笔工作原理	□优 □良 □一般	□优 □良 □一般	□优 □良 □一般
掌握 3D 打印笔平面绘图方法	□优 □良 □一般	□优 □良 □一般	□优 □良 □一般
掌握 3D 打印笔立体绘图方法	□优 □良 □一般	□优 □良 □一般	□优 □良 □一般
掌握 3D 打印笔自由绘图方法	□优 □良 □一般	□优 □良 □一般	□优 □良 □一般

知识拓展

用 3D 打印笔在空中画建筑

东京大学的一群学生在著名建筑师的带领下，使用 3D 打印笔创建了一个极其复杂的建筑结构。该团队将其称为“大型手绘结构”，如图 5-1-31 所示。创作者们在数字化跟踪系统的指导下，使用 3D 打印笔挤出的热塑性塑料在 3D 空间中手工“绘制”的。

创作者们使用 3D 打印笔挤出的线段通过亚克力杆连接，从而构建出在张紧时有很好的结构稳定性，同时在压缩时还具有一定强度的对象，如图 5-1-32 所示。这使得该结构比大多数 3D 打印结构更加耐用，而使得每个创造者在制造过程中可以根据自己的喜好自由发挥。

图 5-1-31 3D 打印笔绘制的大型建筑结构

图 5-1-32 3D 打印笔绘制的大型建筑结构

为了建造这些作品，他们使用了 3D 跟踪系统来实时计算 3D 打印笔的精确位置，以此来辅助创作者准确地展现自己的意图。当用户按住 3D 打印笔的按钮时，材料会从其笔尖喷嘴处挤出。

起初，这些丝线的黏性和温度都很高，但是一旦冷却下来，它们就是非常漂亮的具有韧性的透明塑料。这种笔能够构建比传统 3D 打印机大很多的模型，并让更复杂的形状成为可能。

学习视频

绘制平面图案小黄鸭

绘制立体图 3D 眼镜

自由立体绘制小房子

参考文献

[1] 余胜泉，胡翔．STEM 教育理念与跨学科整合模式 [J]. 开放教育研究，2015，21(4): 13–22.

[2] 王同聚．炙热 3D 打印技术正走向未来生活 [N]. 中国教育报，2015–11–21(3).

[3] 王同聚．基于“创客空间”的创客教育推进策略与实践：以“智创空间”开展中小学创客教育为例 [J]. 中国电化教育，2016(6): 65，70，85.

[4] 王同聚．3D 打印技术在创客教育中的应用与实践：以中小学创客教育为例 [J]. 教育信息技术，2016(6): 11–14.

[5] 教育部关于印发《义务教育小学科学课程标准》的通知 [EB/OL].[2017–02–06]. http://www.moe.gov.cn/srcsite/A26/s8001/201702/t20170215_296305.html.

[6] 教育部印发《中小学综合实践活动课程指导纲要》[EB/OL].[2017–10–30]. http://www.gov.cn/xinwen/2017–10/30/content_5235316.htm.

[7] 教育部关于印发《普通高中课程方案和语文等学科课程标准（2017 年版）》的通知 [EB/OL].[2018–01–05]. http://www.moe.gov.cn/srcsite/A26/s8001/201801/t20180115_324647.html.

[8] 贾振元，邹国林，郭东明，等．FDM 工艺出丝模型及补偿方法的研究 [J]. 中国机械工程，2002，13(23): 1997–2000.

[9] 王强华，孙阿良．3D 打印技术在复合材料制造中的应用和发展 [J]. 玻璃钢，2015(4): 9–14.

[10] 王东峰．3D 打印技术发展瓶颈分析 [J]. 机械工程师，2017(7): 54–55.

[11] 王春玉，傅浩．玩转 3D 打印 [M]. 北京：人民邮电出版社，2014.

[12] 杨振贤，张磊，樊彬.3D 打印：从全面了解到亲手制作 [M]. 北京：化学工业出版社，2015.

[13] 杨占尧，赵敬云．增材制造与 3D 打印技术及应用 [M]. 北京：清华大学出版社，2017.

[14] 王运赣．快速成型技术 [M]. 武汉：华中理工大学出版社，1999.

[15] 吕晓东，李峰．手把手教你玩转桌面 3D 打印机 [M]. 北京：化学工业出版社，2017.

[16] 余辉．出叠加的魅力 3D 打印之熔融沉积成型技术 [EB/OL].[2016–04–08].http://oa.zol.com.cn/576/5765032_all.html.

[17] 陈萧. 详解 LCD 技术的光固化 3D 打印机 [EB/OL].[2017–07–03]. http://oa.zol.com.cn/576/5765032_all.html.

[18] 周吉清，董翠芳，廖小兵．三维扫描技术及应用 [J]. 出版与印刷，2007(4): 45–48.

[19] 黄果．制作眼镜：3D 打印笔绘图设计案例 [J]. 语文课内外，2018(25): 381.

[20] 王克，刘远，常太明 . 基于教学使用的 FDM 型 3D 打印机制作 [J]. 科技风，2018(32): 15-16.

[21] 陈志椿 .3D 打印技术论述 [J]. 信息系统工程，2018(10).

[22] 全球首支 3D 打印金属枪美国问世 成功试射 50 发子弹 [EB/OL].[2013-11-09]. http://www.chinanews.com/gj/2013/11-09/5482773.shtml.

[23] 3D 打印技术在服装行业中应用的三个关键点 [EB/OL].[2013-07-24]. http://www.linkshop.com.cn/web/archives/2013/259084.shtml.

[24] 浅谈 3D 打印技术在军事领域中的应用 [EB/OL].[2019-02-25].https://www.sohu.com/a/297509157_100264765.

[25] COVID-19 大流行期间 3D 打印的兴起 [EB/OL].[2020-09-26]. https://mp.weixin.qq.com/s/lgSOgqmaDu0negINQu-Ucg.

[26] 曾碧卿，丁美荣 . 基于创客教育理念培养软件创新人才模式研究 [J]. 教育现代化 , 2019, 6(13)：5-9.

[27] 王同聚，丁美荣 . 人工智能进入学校的瓶颈与应对策略 [J]. 课程教学研究 , 2019(9)：92-96.